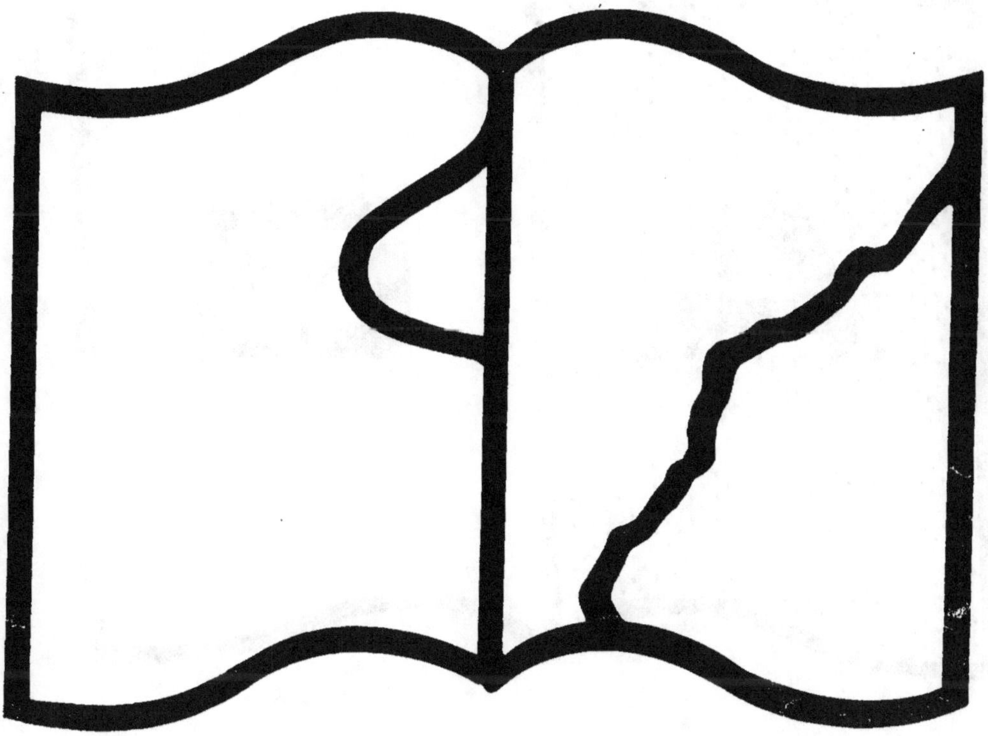

Texte détérioré — reliure défectueuse

NF Z 43-120-11

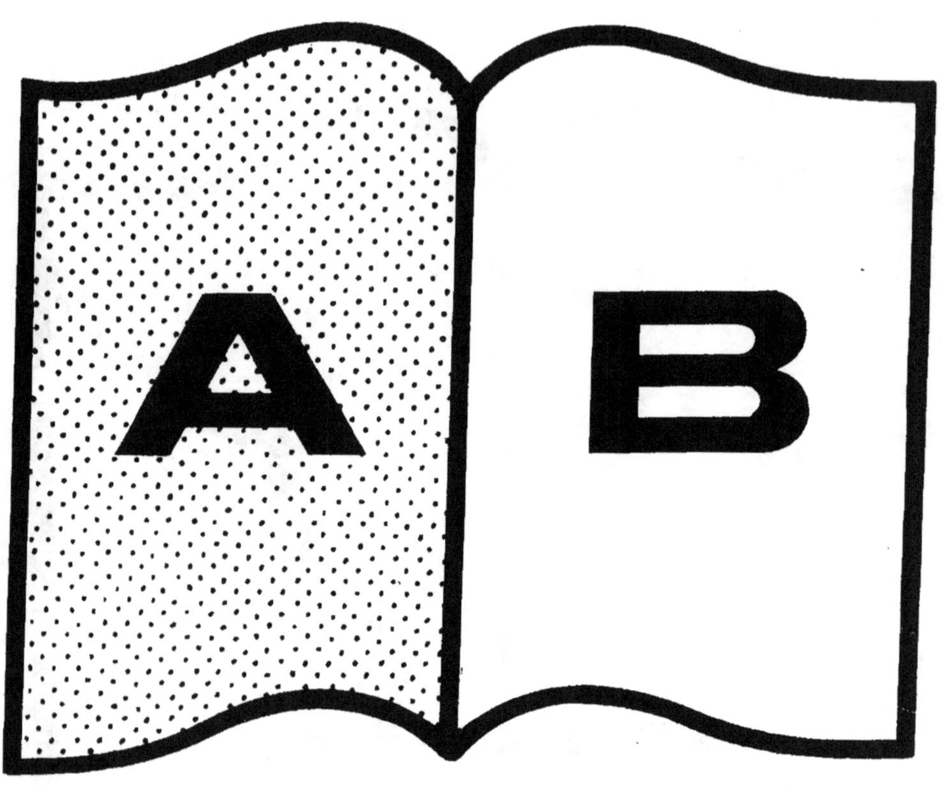

Contraste insuffisant

NF Z 43-120-14

A. BERGET

Ballons Dirigeables et Aéroplanes

LIBRAIRIE UNIVERSELLE
PARIS

Ballons,

Dirigeables

et Aéroplanes

A. BERGET

Docteur ès sciences, Lauréat de l'Institut,
Chargé de conférences à la Sorbonne, Professeur à l'Institut océanographique.
Président de la Société française de navigation aérienne.

Ballons, Dirigeables et Aéroplanes

PARIS

LIBRAIRIE UNIVERSELLE

33, RUE DE PROVENCE, 33

1908

DU MÊME AUTEUR

Le Radium et les nouvelles radiations, 1 vol. in-16 (43º édition).

Physique du globe et météorologie. (Ouvrage couronné par l'Académie des Sciences.) 1 vol. in-8º.

A

Monsieur le Duc DECAZES

*Je dédie ces pages en témoignage
de haute estime et de grande amitié.*

A. B.

PRÉFACE

En faisant paraître ce petit livre, je tiens à dire, tout d'abord, dans quel esprit il a été conçu.

Ce n'est ni un traité d'aérostation, ni une encyclopédie aéronautique. J'ai simplement essayé de faire, sans formules mathématiques, un exposé, aussi clair et aussi simple que possible, de l'état actuel de la question; j'ai tenu à en signaler les difficultés, à insister sur les points plus délicats du problème à résoudre et à montrer comment quelques-unes de ces difficultés ont déjà été surmontées. De la sorte, mes lecteurs, après avoir parcouru ces quelques pages, seront « au courant » de la navigation aérienne; ils pourront comprendre et discuter les nouvelles tentatives qui seront faites dans la voie de la conquête de l'air.

Ecrivant un livre sur l'état « actuel » de l'aérostation, j'ai moins insisté sur la partie anecdotique et historique, que l'on trouve développée, avec détails, dans la plupart des ouvrages traitant de la navigation aérienne. Encore ai-je renvoyé à la fin de l'ouvrage les lignes qui y sont consacrées. L'histoire d'une science, en effet, n'est intéressante que parce qu'elle montre, d'une part, les errements, les incertitudes du début, d'autre part les efforts continus, les travaux persévérants faits pour arriver au progrès. Ces incertitudes, ces errements, ces efforts, seront mieux compris, présenteront plus d'intérêt si le le lecteur est déjà au courant, par l'exposé des chapitres précédents, de ce qu'est l'état « actuel » de la question : se trouvant au point d'arrivée, il estimera mieux la distance parcourue depuis le point de départ. Ce livre étant écrit pour ceux qui, novices en matière d'aérostation, ont besoin de tout apprendre en cette matière, j'ai surtout tâché d'être clair, j'ai mis mon ambition à être compris de tous. Si j'ai réussi, j'aurai permis à mes lecteurs de s'initier aux principes de l'aéronautique et je les aurai, ainsi, mis en mesure d'aborder ensuite la lecture des ouvrages plus spéciaux, plus techniques, à travers lesquels les notions qu'ils auront acquises en parcourant ces pages pourront leur servir de guide.

J'espère aussi qu'en lisant cet ouvrage ils partageront le sentiment de fierté patriotique que j'éprouve en l'écrivant : dans l'histoire de l'aérostation, tout est français, les débuts, les progrès, les conquêtes nouvelles, et nous pouvons vraiment revendiquer comme nationale une science qui se jalonne, à cent ans de distance, par les deux noms de Montgolfier et de Renard.

ALPHONSE BERGET.

A bord de la *Sylvabelle*,

26 juin 1907, rade de Kiel.

BALLONS, DIRIGEABLES

ET AÉROPLANES

INTRODUCTION

Le problème de la navigation aérienne consiste à réaliser un appareil pouvant se soutenir au milieu de l'air et se diriger à volonté à travers l'atmosphère dans laquelle il est immergé.

La solution de ce problème a toujours tenté l'audace ou l'ingéniosité des hommes ; mais ce n'est qu'en l'année 1783 que la première solution en fut donnée par les frères Montgolfier, d'Annonay. Depuis ce temps-là, cent vingt-cinq ans se sont écoulés, dont les trente derniers ont vu se réaliser des progrès extraordinaires.

Pour s'élever dans les airs, on peut se baser sur des principes très différents :

1° On peut essayer de réaliser ou d'imiter le mécanisme et la structure de l'oiseau, naturellement plus lourd que l'air, mais qu'un puissant effort mécanique maintient et propulse en l'air, grâce à la résistance même opposée par le milieu gazeux à de larges surfaces mobiles ;

2° On peut chercher à s'élever en réalisant, dans le milieu aérien, l'expérience du bouchon que l'on enfonce sous l'eau, en le maintenant entre les doigts, et qui, en vertu de sa légèreté spécifique, remonte de lui-même à la surface dès qu'on l'abandonne ;

3° Il y a enfin une solution mixte, consistant à demander au fluide ambiant une poussée sustentatrice, comme dans le second cas, mais à y joindre des appareils mécaniques utilisant la résistance de l'air pour obtenir la propulsion et la direction de l'appareil.

La première solution conduit à l'*aviation*, c'est-à-dire à la construction d'appareils volants ou planants, mais *plus lourds que l'air* dans lequel ils sont appelés à se mouvoir.

La seconde solution est celle des *ballons*, gonflés soit d'air chaud, soit d'un gaz plus léger que l'air.

La troisième solution est celle des *dirigeables*, constitués par un *ballon sustentateur*, muni d'un *propulseur* s'appuyant sur l'air dont il utilise la réaction.

Nous commencerons par l'étude des « ballons » proprement dits ; nous passerons ensuite aux ballons « dirigeables », et nous terminerons enfin par le « plus lourd que l'air ».

PREMIÈRE PARTIE

DES BALLONS EN GÉNÉRAL

CHAPITRE PREMIER

LE BALLON

Comment s'élever dans l'air ? Le principe d'Archimède. — C'est à Archimède que l'on doit l'énoncé du principe qui régit l'équilibre des corps flottants. Ce principe est celui-ci :

Tout corps plongé dans un milieu fluide (liquide ou gazeux) *subit une perte apparente de poids égale au poids du fluide déplacé par le corps.*

Ce principe s'applique à tous les corps flottants, soit dans l'eau, soit dans l'air.

Prenons, par exemple, un corps dont le volume extérieur soit un litre, et qui pèse seulement 500 grammes ; jetons-le dans l'eau. Il s'enfoncera en partie, et la partie immergée déplacera un certain volume d'eau : le principe d'Archimède nous permet d'affirmer que la moitié du corps émergera, puisque la moitié immergée déplace un volume d'eau de 500 centimètres cubes et que le poids de 500 centimètres cubes d'eau est exactement de 500 grammes, poids total du corps ; à ce moment, il y aura équilibre entre le poids du corps et la poussée exercée par le liquide.

Si le corps, dont le volume est de 1 litre, pèse 1 kilogramme, il subit de la part de l'eau une poussée égale au poids d'un litre d'eau, soit de 1 kilogramme également : il restera donc en équilibre en n'importe quel point du liquide, il « flottera entre deux eaux ». Enfin, si le poids du corps dépasse 1 kilogramme, ce poids est supérieur à la poussée, et le corps tombe au fond.

Définition du ballon. — Cela nous permet de définir ce qu'est un *ballon* : c'est un appareil tel que son poids total soit plus petit que le poids de l'air qui occupe le même volume que lui.

Pour réaliser un tel appareil on se trouve en présence d'une première difficulté, c'est la légèreté spécifique de l'air : un mètre cube d'air pèse $1^{kg},293$, à la température de zéro degré, et quand le baromètre est à la hauteur de 760 millimètres. On ne pourra donc réaliser le ballon qu'en enfermant dans une enveloppe légère et imperméable un volume d'un gaz plus léger que l'air.

Il existe, aujourd'hui, deux types de gaz légers que l'industrie peut fournir facilement, en quantité considérable : l'un est le *gaz d'éclairage* dont un mètre cube, à zéro, pèse environ 500 grammes : l'autre est l'hydrogène purifié, fourni en tubes où il

(Cl. du Journal.)

Dans les airs.

est comprimé, et dont le mètre cube ne pèse que 110 grammes !

La différence entre le poids d'un mètre cube d'air, à zéro et sous la pression barométrique normale, et le poids d'un mètre cube d'hydrogène dans les mêmes conditions est donc 1,293 — 110, soit 1^{kg},183. Si nous cherchons la même différence pour le gaz d'éclairage, nous trouverons **790** grammes seulement.

Or c'est cette différence qui, grâce au principe d'Archimède, *pousse* le ballon de bas en haut, le fait monter. Donc il y aura avantage à gonfler le ballon avec de l'hydrogène, qui donne ainsi une force soulevante bien plus considérable que le gaz d'éclairage.

Les montgolfières. — Mais il est une troisième manière de réaliser un gaz plus léger que l'air ordinaire, c'est l'*air chaud*.

Considérons une masse d'air qui occupe, à zéro, un mètre cube et qui pèse, dans ces conditions, 1^{kg},273. Les physiciens, et en particulier l'illustre Gay-Lussac, ont étudié les lois précises de la dilatation du gaz sous l'action de la chaleur et ont ainsi démontré que, quand un gaz peut se dilater librement, sans compression extérieure, « sous pression constante », pour employer le terme technique, chaque fois qu'on élève sa température de 1 degré de thermomètre, son volume augmente de la 273° partie de sa valeur première. Une masse d'air échauffée à 273 degrés occuperait donc un volume double de celui qu'elle occuperait à zéro. Donc, si à zéro la masse d'air pesait $1^{kg},273$ par mètre cube, elle ne pèsera plus à 273 degrés que la moitié de ce poids, soit 636 grammes. L'air chaud est donc un moyen d'élever dans les airs un ballon qui en serait rempli.

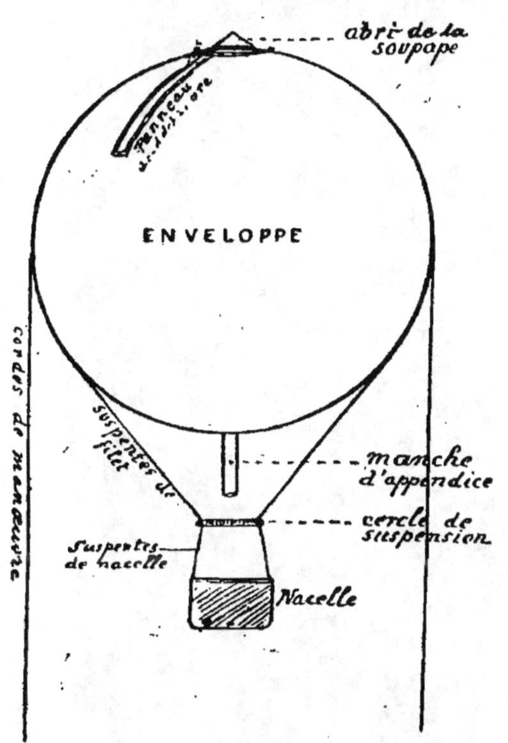

Schéma d'un ballon sphérique.

Rappelons que c'est ce moyen qui a permis d'effectuer la première ascension, celle des frères Montgolfier : les ballons gonflés d'air chaud s'appellent des *montgolfières*. On réserve le nom d'*aérostats* à ceux qui sont remplis d'hydrogène, de gaz d'éclairage ou d'un autre gaz plus légers que l'air. Il est certain que l'hydrogène et le gaz de houille ne sont pas les seuls que l'on puisse employer : le gaz ammoniac, en particulier, a comme densité 0,597, soit, en chiffre rond 0,6 ; cela veut dire qu'il ne pèse que les 6 dixièmes du même volume d'air, et un litre de ce gaz, à zéro, pèse 890 grammes : il pourrait donc être, à la rigueur, employé au gonflement des aérostats si des difficultés d'un ordre

Expérience de MM. Montgolfier frères, à Versailles, le 19 septembre 1783.

(Bibl. Nationale.)

spécial ne s'opposaient à son emploi. Nous reviendrons, d'ailleurs, sur cette question dans un chapitre ultérieur.

Disons tout de suite qu'un ballon se compose essentiellement d'une *enveloppe* d'étoffe légère et imperméable, généralement sphérique. Cette enveloppe est recouverte d'un *filet* de fins et forts cordages, qui supporte, par l'intermédiaire d'un *cercle de suspension* en bois, la *nacelle,* petit récipient d'osier dans lequel se tient l'aéronaute, ayant à sa portée tous les organes de manœuvre dont nous donnerons plus loin le détail.

La « force ascensionnelle ». — Il est un mot que nous n'avons pas encore prononcé, un terme que nous n'avons pas encore défini, c'est le mot : « force ascensionnelle » qui revient à chaque instant dans les récits des voyages aériens, dans les ouvrages ou les articles qui traitent des ballons. Il est temps, maintenant, d'en donner la définition.

La force ascensionnelle disponible d'un ballon, au moment où il va quitter la terre pour s'élancer dans les airs, c'est le nombre de kilogrammes qu'il est susceptible d'enlever. Ce nombre de kilogrammes mesure, en même temps, la force avec laquelle il faut retenir le ballon pour l'empêcher de s'élever dans l'atmosphère.

Mais on peut examiner la question autrement et se demander, une fois l'enveloppe du ballon construite et remplie de gaz, quel sera le poids total que le système pourra enlever. Cela nous permettra d'indiquer dans une première approximation comment on peut, par un calcul élémentaire, déterminer les données caractéristiques d'un aérostat.

Supposons un aérostat sphérique de 10 mètres de diamètre : son volume sera facile à calculer, c'est celui d'une sphère de 5 mètres de rayon ; ce sera, en chiffres ronds, 520 mètres cubes. Ce ballon est celui qui sert dans les parcs aérostatiques militaires français ; on l'appelle souvent le *ballon type*.

L'enveloppe de cette sphère, nous la réalisons avec une étoffe dont chaque mètre carré pèse un certain poids. La surface de la sphère ci-dessus, de 10 mètres de diamètre, est de 314 mètres carrés. Une excellente étoffe à ballon (celle qui a servi à la fabrication du célèbre ballon *Lebaudy*) pèse 330 grammes, par mètre carré. Donc l'enveloppe totale pèsera 314 fois 330 grammes, soit environ 104 kilogrammes.

Quand le ballon sera plein d'hydrogène à zéro degré, le poids du gaz sera 520 fois 110 grammes, soit 57 kilogrammes. Ajoutons à cela le poids de l'enveloppe, cela fait, pour le poids du ballon *nu* : $104 + 57$, c'est-à-dire 161 kilogrammes.

Or le ballon déplace 520 mètres cubes d'air qui exercent sur lui une poussée égale à leur poids. Cette poussée sera donc 520 fois $1^{kg},293$, soit 670 kilogrammes.

La différence entre la *poussée* et le poids du ballon sera $670 - 161$, c'est-à-dire 509 kilogrammes.

Le ballon *nu*, de 10 mètres de diamètre, pourra

donc, s'il est rempli d'hydrogène, enlever 509 kilogrammes.

Mais une partie de ces 509 kilogrammes doit être constituée par le *filet* qui enveloppe le ballon et supporte la *nacelle* dans laquelle se tiendra l'aéronaute. Donc, il faut retrancher de cela le poids dudit filet et de la nacelle, le poids de l'aéronaute lui-même, et l'on voit alors la force restant disponible au moment du départ. Cette force, on l'utilise en embarquant, à bord, un certain nombre de sacs de sable, qui constituent le *lest*; on ne conserve, au départ, qu'une force ascensionnelle réelle de quelques kilogrammes pour s'élever initialement.

Ces petits calculs sont une première approximation : en réalité les choses ne se passent pas aussi simplement que nous venons de le dire. Mais, avant d'aller plus loin, il est nécessaire d'indiquer les principales propriétés du *milieu* dans lequel le ballon est appelé à voyager, c'est-à-dire de consacrer quelques pages à l'étude de l'*atmosphère*.

CHAPITRE II

L'ATMOSPHÈRE

Nature et composition de l'air atmosphérique. — La terre, isolée dans l'espace et dont la forme est sensiblement celle d'une sphère, est environnée d'une enveloppe gazeuse qui s'appelle l'*atmosphère*, ou l'*air atmosphérique*.

Cet *air* n'est pas un gaz simple ; ce n'est pas, non plus, une combinaison chimique de plusieurs gaz simples : c'est un *mélange*, en proportions très légèrement variables, de quelques éléments gazeux dont les principaux sont l'*oxygène* et l'*azote*. Si l'on prend comme unité le poids d'un litre d'air global, le poids du litre d'oxygène sera 1,105 et celui du litre d'azote sera 0,97. Les deux gaz sont mélangés dans des proportions telles que 100 volumes d'air renferment 21 parties d'oxygène et 79 d'azote. (Nous négligeons les autres gaz contenus dans l'air en proportions infinitésimales.) L'air contient donc, en chiffre rond, 4 fois plus d'azote que d'oxygène. On sait que c'est ce dernier gaz qui entretient les combustions et la respiration.

Pression atmosphérique. Baromètre. — L'air est
pesant : nous avons déjà dit que Regnault en avait

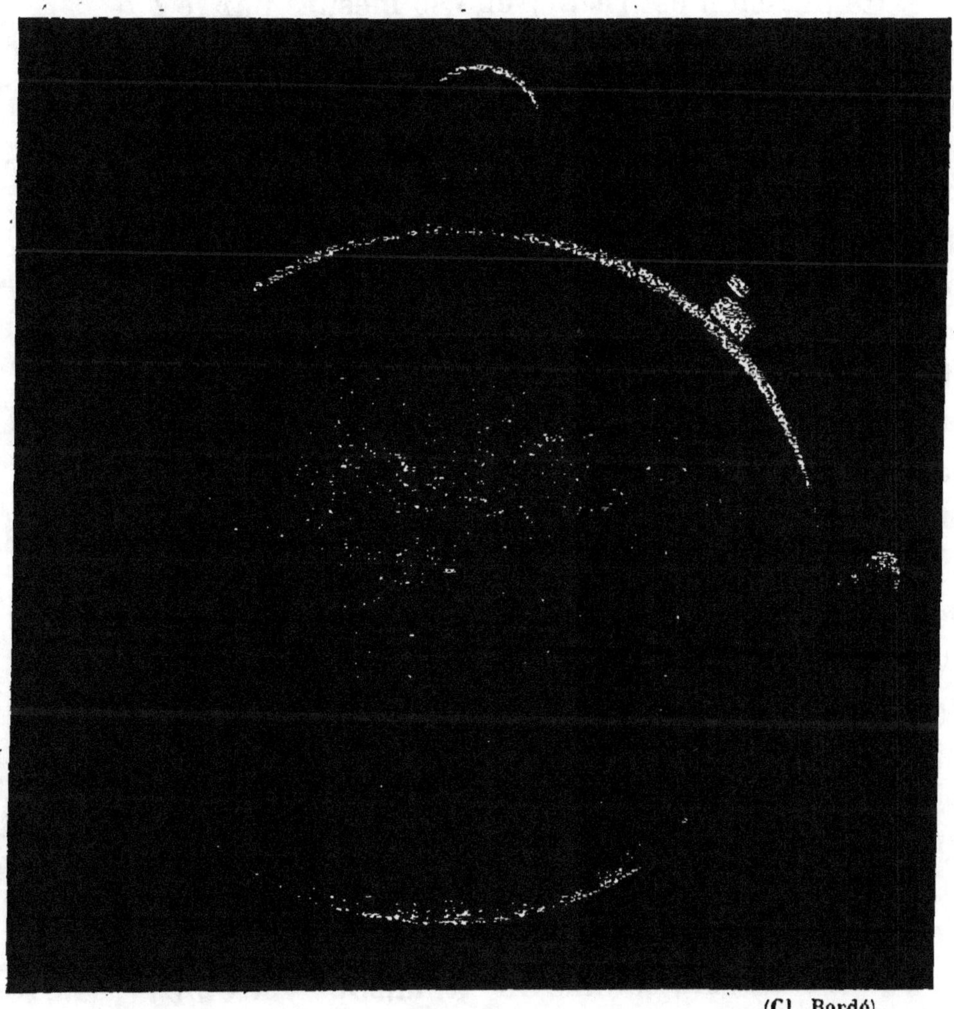

(Cl. Bordé).

Le Baromètre des aéronautes.

exactement déterminé la densité. Cette densité est
telle qu'un litre d'air pèse 1^{gr},293 milligrammes. On
conçoit donc que la couche d'air, d'une épaisseur
considérable, qui entoure la terre, doit exercer sur

la surface de celle-ci une pression importante.

Cette pression est réelle, elle se mesure par le *baromètre*, instrument servant à en donner à chaque instant la valeur et les variations. Les baromètres dont se servent les aéronautes sont des baromètres *anéroïdes* ou à ressorts, et voici le principe de leur construction, qui, en même temps, qu'il fait comprendre le fonctionnement de ces instruments, démontre d'une façon matérielle l'existence de la pression atmosphérique.

Prenons une boîte en métal très élastique, en acier, par exemple, dont l'intérieur, par un petit orifice, communique librement avec l'air extérieur : supposons que le couvercle de cette boîte soit en métal *ondulé*, de façon à pouvoir s'enfoncer sous l'influence d'une pression extérieure, ou se soulever sous l'action d'un effort agissant du dedans vers le dehors ; supposons enfin qu'un ressort puissant soit, par ses deux extrémités, arc-bouté sur le fond de la boîte et sur le couvercle.

Cela fait, avec une pompe aspirante qui s'appelle une *machine pneumatique*, enlevons l'air de l'intérieur de la boîte, ou, comme on dit, faisons-y le *vide* : aussitôt le couvercle s'écrase et le ressort fléchit sous l'action d'une pression extérieure : cette pression est précisément celle du poids de l'atmosphère, et l'existence de la pression atmosphérique se trouve ainsi démontrée.

Cette expérience permet, en outre, de la mesurer. En effet, laissons rentrer l'air extérieur dans la boîte : le ressort se détend et le couvercle ondulé reprend sa forme et sa position première. Cela posé, essayons de le faire fléchir, en le chargeant de poids, jusqu'à ce que le couvercle se soit enfoncé de la même quantité que tout à l'heure ; nous trouvons ainsi que, pour produire, avec des poids, la même charge que celle qui est due à la pression de l'atmosphère, il faut mettre $1^{kg},33$ par chaque centimètre carré de la surface du couvercle.

Nous pouvons donc énoncer comme une vérité que l'air atmosphérique exerce une pression dont la valeur moyenne, à la surface de la terre, est de 1,033 grammes par centimètre carré. Une telle pression sert d'unité et s'appelle *une atmosphère.*

Cette pression, dans le baromètre classique *à mercure*, suffit à soutenir dans le tube de l'instrument une colonne de 76 centimètres, en moyenne, quand on se trouve au niveau de la mer. Les petites variations de pression atmosphérique dues aux inégalités de la température, aux changements de vents, etc., se traduisent par des oscillations de la colonne de mercure qui passe de la hauteur de 74 centimètres (pression très faible) à celle de 78 (pression très haute).

Baromètres usuels : baromètre anéroïde, baromètre enregistreur. — Ces variations de la pression atmosphérique seraient incommodes à observer sur un long tube de verre, plein de mercure, que sa fragilité et ses dimensions rendent peu transportable.

On emploie uniquement, pour les observations usuelles, le baromètre *anéroïde*, qui est construit sur le principe que nous avons indiqué plus haut : le vide est fait dans une boîte dont le couvercle est défendu, par un ressort antagoniste, contre l'écrasement que lui ferait subir la pression de l'atmosphère. Le ressort fléchit davantage quand la pression augmente et se détend quand elle diminue. Ses mouvements sont transmis, amplifiés par un levier, à une aiguille qui se meut sur un cadran, et sur ce cadran sont tracés des divisions *en millimètres* de façon que le chiffre indiqué par l'aiguille soit toujours le même que le nombre de centimètres et de millimètres qui exprime, au même moment, la hauteur de la colonne de mercure dans un baromètre ordinaire.

Afin de suivre la marche continue des variations de la pression atmosphérique, on dispose souvent l'aiguille de façon qu'elle se meuve le long d'un cylindre sur lequel s'enroule une feuille de papier gradué. Ce cylindre, mû par un mouvement d'horlogerie, fait un tour en une semaine, et l'extrémité de l'aiguille, munie d'une plume contenant une goutte d'encre violette, trace sur le papier une courbe dont les sinuosités indiquent d'une façon frappante si le baromètre *monte* ou *baisse*. C'est le *baromètre enregistreur*, ou *statoscope*, imaginé par l'ingénieur français Richard.

Car la seule indication à retenir de l'observation du baromètre est celle de savoir s'il monte ou s'il descend. S'il monte, c'est que la pression atmosphérique devient plus forte et c'est, généralement, un signe de beau temps. S'il baisse, au contraire, c'est que la pression diminue, c'est qu'il arrive une *dépression* : c'est signe de mauvais temps.

Quant aux indications « beau temps », « variable »,

Le Statoscope.

« pluie ou vent » placées sur le baromètre par la fantaisie des opticiens, elles ne signifient rien du tout en elles-mêmes. Si le baromètre marque « variable » mais qu'il soit en ascension, il y aura beau temps : tandis que s'il marque « variable » et qu'il soit en baisse, c'est du mauvais temps qui se prépare.

Compression de l'air. — L'air, grâce à la mobilité de ses molécules, est essentiellement compressible. Tout le monde sait qu'on peut emprisonner de l'air dans un petit corps de pompe et le comprimer avec un piston : les pompes de bicyclette, servant à gonfler les pneumatiques, sont fondées sur ce principe.

Comment se fait cette compression ? suivant une loi bien simple, découverte au xviiie siècle par Mariotte. Cette loi est la suivante :

Quand, sans changer la température, on diminue de moitié, par compression, le volume occupé par une masse d'air, la pression de cet air devient double ; si l'on amène son volume à n'être que le tiers de ce qu'il était d'abord, la pression devient triple ; elle devient quadruple si la compression réduit le volume au quart de sa valeur, et ainsi de suite. Autrement dit, *le volume d'une même masse d'air varie en proportion inverse de la pression qu'elle supporte.*

On conçoit donc que les couches inférieures de l'atmosphère soient plus denses que les couches supérieures, puisqu'elles supportent le poids de toutes celles qui sont au-dessus d'elles.

Donc, la densité de l'air, ou le poids du litre d'air, doit diminuer à mesure qu'on s'élève dans l'atmosphère.

Par suite, *la force ascensionnelle d'un ballon* dont le volume serait invariable, force qui est causée par la différence entre le poids du gaz et le poids du volume d'air déplacé, *diminue à mesure que le bal-*

lon monte. C'est un point capital à retenir, pour la manœuvre d'un aérostat.

La dilatation de l'air par la chaleur. — Cette loi de compression de l'air, que nous venons d'énoncer, n'est vraie que si la température reste invariable. L'air, comme tous les gaz d'ailleurs, est extrêmement sensible aux variations de la température. Quand celle-ci, mesurée par le thermomètre, s'élève de 1 degré (en supposant constante la pression extérieure) le volume de l'air augmente de $1/273^e$ de sa valeur.

Donc, si l'on chauffe une masse de gaz à 273 degrés, le volume de cette masse de gaz aura doublé, le poids d'un litre aura diminué de moitié, la densité du gaz sera donc, elle aussi, réduite de moitié. C'est sur cette propriété qu'est basée la construction des *montgolfières* (ballons à air chaud).

C'est cette particularité qu'il ne faut jamais perdre de vue pour un voyage en ballon : un coup de soleil dilate le gaz intérieur; un coup de froid le contracte.

Gay-Lussac a mesuré cette dilatation du gaz sous l'action de la chaleur : il l'a trouvée sensiblement la même pour tous, et le nombre 1/273 s'appelle le *coefficient de dilatation des gaz*.

Nous avons donc, dans l'étude du volume d'un gaz, à tenir compte, et de sa température, et de la pression à laquelle elle est soumise, c'est-à-dire à faire intervenir les lois de Mariotte et de Gay-Lussac.

Mesure des hauteurs par le baromètre. — Nous avons vu que le baromètre mesurait, à chaque instant, la pression exercée par l'atmosphère au point où est placé l'instrument ; à mesure qu'on monte, on supporte le poids d'une couche d'air, non seulement de moindre épaisseur, mais de moindre densité. Le baromètre baisse donc à mesure qu'on s'élève ; mais il ne baisse pas de la même quantité pour des élévations identiques.

Considérons, en effet, les couches inférieures de l'atmosphère, celles qui sont en contact direct avec le sol. Elles sont plus denses que celles qui les surmontent et dont le poids les comprime. Donc, en s'élevant de dix mètres, on supprime la pression qu'exerce sur l'instrument une couche d'air de densité ordinaire et de dix mètres d'épaisseur ; l'aiguille déviera donc d'un certain angle.

Mais plaçons-nous à mille mètres d'altitude et élevons-nous de dix mètres dans ces conditions nouvelles : nous supprimons encore l'action d'une couche de dix mètres, c'est vrai, mais cette couche est de l'air moins dense, moins comprimé que celui des régions basses. Ces dix mètres exerceront donc sur l'appareil une pression moindre que les dix mètres pris à la station inférieure, et l'aiguille déviera beaucoup moins que la première fois.

Les baromètres destinés aux ascensions aérostatiques portent parfois une double graduation : l'une, en « centimètres de mercure », qui est la graduation ordinaire de tous les baromètres, l'autre, *en hauteurs,* indique directement en *mètres* la hauteur à laquelle on est parvenu.

Cette division est tracée d'après les résultats d'une formule due à Laplace, l'illustre astronome du commencement du XIXe siècle. Si l'on n'a qu'un baromètre ordinaire, il suffit d'observer l'indication qu'il donne et la formule de Laplace permet, aussitôt, d'en déduire l'altitude à laquelle on est parvenu.

TABLE DES ALTITUDES
CORRESPONDANT AUX INDICATIONS DE BAROMÈTRE

BAROMÈTRE	ALTITUDES au-dessus de la mer.	BAROMÈTRE	ALTITUDES au-dessus de la mer.
millimètres.	mètres.	millimètres.	mètres.
760	0	555	2510
755	52	545	2655
745	159	535	2882
735	267	525	2954
725	376	515	3108
715	487	505	3264
705	599	495	3424
695	713	485	3587
685	829	475	3754
675	947	465	3924
665	1066	455	4098
655	1187	445	4275
645	1310	435	4457
635	1434	425	4643
625	1561	415	4833
615	1690	405	5028
605	1821	395	5228
595	1954	385	5433
585	2089	375	5664
575	2227	365	5860
565	2367	355	6082

La table ci-jointe donne les hauteurs qui corres-

pondent aux diverses indications des baromètres. Il
ne faut pas oublier que ce sont les hauteurs *au-dessus du niveau de la mer*, et non pas au-dessus du
sol, qui lui-même possède déjà une certaine altitude.

Enfin, les études des physiciens et les observations
des alpinistes et des aéronautes ont établi d'une
façon certaine que *la température décroît à mesure
qu'on s'élève dans l'atmosphère*.

C'est là un point très important que l'aéronaute
ne devra jamais perdre de vue au cours de ses ascensions; nous verrons pourquoi, quand nous étudie-
rons la marche des ballons dans les airs.

Telles sont les notions principales que nous avions
à donner sur l'atmosphère terrestre.

Ces notions sont relatives à l'atmosphère *immobile*. Quand nous serons arrivés à l'étude des ballons
dirigeables, nous dirons quelques mots des mouvements de l'atmosphère, c'est-à-dire des *vents*, qui
sont pour l'aéronaute tantôt le plus puissant des
aides, tantôt le plus terrible des adversaires.

CHAPITRE III

CONSTITUTION D'UN BALLON SPHÉRIQUE

Les parties essentielles du ballon. — Un ballon
destiné à faire une
ascension « libre »,
c'est-à-dire qui
n'est ni retenu cap-
tif par une corde
manœuvrée à terre,
ni muni d'appareils
de propulsion, a,
presque toujours, la
forme d'une sphère.

Cette sphère est
constituée par une
enveloppe, en étoffe
solide, imperméa-
ble et légère (trois
qualités, souvent
incompatibles, et
qu'il faut cependant
réaliser) ; elle est
gonflée à l'aide d'un

Nacelle et sa suspension.

gaz léger, hydrogène ou gaz d'éclairage, dont la

différence de densité avec l'air environnant cause la force ascensionnelle.

Pour que cette force ascensionnelle soit utilisable, il faut des appareils porteurs destinés à relier à l'enveloppe un véhicule aérien contenant les passagers et les accessoires nécessaires du voyage.

Ces appareils porteurs sont :

Le *filet,* en câble léger, qui recouvre l'enveloppe, et auquel s'attachent les *cordes de suspension* de la nacelle, ainsi que les *cordes de manœuvre,* destinées à faciliter le lâcher et l'atterrissage du ballon.

Les cordes de suspension se réunissent à un *cercle de suspension,* duquel partent les cordages proprement dits qui soutiennent la *nacelle,* récipient d'osier où se tiennent les voyageurs. A portée de la main de ceux-ci sont des organes de manœuvre : *l'ancre,* destinée à l'atterrissage, le *guiderope,* longue corde dont nous verrons plus loin l'usage, et enfin le *lest,* formé d'un certain poids de sable réparti dans des *sacs.*

Enfin, deux orifices au moins sont pratiqués dans l'enveloppe : au sommet, se trouve une soupape, qu'un ressort maintient fermée, mais qu'on peut ouvrir en tirant sur une corde qui arrive dans la nacelle à portée de la main de l'aéronaute. Cette soupape, quand on l'ouvre, laisse échapper une partie du gaz contenue dans le ballon ; la force ascensionnelle de celui-ci diminue aussitôt, et l'aérostat descend ainsi à la volonté de l'aéronaute, de même que celui-ci, en jetant du lest en quantité plus ou moins variable, est maître de le faire monter plus ou moins rapidement.

La seconde ouverture est percée à la partie inférieure de l'enveloppe sphérique et se termine par une *manche* ou *appendice*, sorte de long tuyau en toile, qui permet le remplissage au départ et la libre évacuation du gaz, pendant le voyage, sous l'influence des variations de pression intérieure.

Telles sont les parties constitutives, nécessaires, d'un ballon sphérique. Nous parlerons plus tard d'organes accessoires, tels que le *ballonnet compensateur*, le *panneau de déchirure*, etc... Pour le moment, nous allons voir comment on peut réaliser la construction d'un aérostat.

Construction de l'enveloppe. Les ballons en baudruche. — Le premier souci du constructeur est de choisir, pour former l'enveloppe, une *étoffe* de qualité aussi bonne que possible. Nous avons déjà dit et nous répétons que cette enveloppe doit être *légère*, *solide* et *imperméable* aux gaz.

Il n'y a qu'une seule membrane qui présente la réunion complète de ces trois qualités, c'est la *baudruche*.

Tout le monde sait ce que c'est que la baudruche : c'est cette membrane, mince et presque impalpable, tirée des boyaux de bœuf ou de mouton. Cette matière organique, abandonnée à elle-même, tomberait rapidement en décomposition, aussi est-elle « apprêtée » à l'aide de procédés chimiques qui assurent sa conservation, tout en lui laissant sa souplesse et sa solidité. Un ballon en baudruche est à peu près imperméable aux gaz : les ballons militaires anglais, qui sont ainsi construits, ne perdent que *deux millièmes de leur gaz en vingt-quatre heures*. Ce serait dans la perfection si ce n'était le prix élevé d'un ballon ainsi construit.

Cependant, l'armée anglaise se sert de ballons construits en baudruche, et dont la capacité est de 300 mètres cubes. L'enveloppe de ces ballons est formée de huit couches de baudruche et la confection de l'enveloppe entière exige environ trente-cinq mille morceaux, collés les uns aux autres en chevauchant les uns sur les autres. Un mètre carré d'une telle enveloppe pèse 213 grammes et coûte 60 francs. La surface totale de l'enveloppe est de 215 mètres carrés et son poids est de 46 kilogrammes.

Quant à la solidité, elle est considérable, puisque la résistance est de plus de mille kilogrammes par mètre carré.

Étoffes dites « à ballons ». Vernis. — Le prix élevé de l'enveloppe en baudruche a conduit les constructeurs à chercher la réalisation d'étoffes spéciales qui, sans présenter les qualités exceptionnelles de la baudruche, répondent cependant d'une manière suffisante aux besoins de l'aérostation.

Les meilleures étoffes sont les étoffes de soie, soies italiennes, ou soies de Lyon. Mais ces étoffes ont le grand inconvénient de coûter fort cher, moins cependant que la baudruche ; aussi se contente-t-on souvent d'employer une étoffe de soie fabriquée en Chine, et qu'on appelle *pongee*, bien qu'elle soit moins parfaite et plus lourde que nos soies de Lyon.

Employée nue, une étoffe de soie ne ferait pas une enveloppe étanche. Elle laisserait filtrer le gaz à travers les intervalles de ses fils. Aussi le recouvre-t-on d'une ou de plusieurs couches de *vernis*, destinées à l'imperméabiliser et à la rendre étanche aux gaz. Les vernis sont des mélanges d'huile de lin siccative, de caoutchouc et d'essence de térébenthine. Leur composition varie, d'ailleurs, énormément d'un fabricant à l'autre.

On vernit le ballon soit à l'extérieur, soit à l'intérieur, comme cela se fait pour les ballons militaires français. Les substances organiques dont sont faits les vernis s'oxydent à la longue ; et il faut avoir soin *d'aérer* largement les étoffes de temps en temps si l'on veut assurer la bonne conservation des aérostats, pendant leur période d'immobilisation.

Un mètre carré de pongee de soie coûte trois francs ; il pèse 80 grammes avant le vernissage, 190 grammes après.

Un mètre carré de soie lyonnaise coûte dix francs, soit plus du triple de la précédente ; il pèse 50 grammes avant vernissage, 130 grammes après.

Nous avons donné plus haut le poids total de l'enveloppe d'un ballon militaire anglais de 300 mètres cubes. Nous allons donner le poids d'un ballon du type français, de 10 mètres de diamètre, ce qui donne

540 mètres cubes de capacité et 314 mètres carrés de surface. Une telle enveloppe en pongee de Chine pèse 31 kilogrammes avant et 105 kilogrammes après le vernissage.

Le génie militaire italien a même réalisé des enveloppes plus légères : il est vrai qu'au lieu d'être en pongee elles sont en soie ; ces enveloppes, toutes vernies, ne pèsent que 160 grammes par mètre carré.

Étoffes multiples. Étoffes caoutchoutées. — Dans les petits ballons, les étoffes simples, dont nous venons de parler, suffisent amplement. Mais quand il s'agit de grands ballons, de plusieurs milliers de mètres cubes de capacité, il faut des étoffes plus résistantes : on les obtient en superposant plusieurs étoffes simples, séparées ou non par des feuilles de baudruche ou de caoutchouc.

Ainsi, pour le projet de la traversée du Sahara en ballon, M. Léo Dex proposa de prendre un ensemble formé de deux soies entre lesquelles serait une enveloppe faite de huit couches de baudruche collées : une telle enveloppe, d'après des expériences du colonel Renard, serait assez imperméable pour qu'un ballon de 28 mètres de diamètre, c'est-à-dire de onze mille cinq cents mètres cubes de capacité, ne perdît pendant vingt-quatre heures, par suite des fuites de gaz à travers l'enveloppe, que dix kilogrammes de force ascensionnelle !

Les derniers progrès, en matière d'étoffes multiples, ont été réalisés en Allemagne sous forme d'étoffes caoutchoutées, *sans vernis*.

Ces étoffes sont constituées par deux tissus de coton, entre lesquels on place une mince pellicule de caoutchouc, épaisse d'un dixième de millimètre.

Cette étoffe pèse 300 grammes par mètre carré et résiste à un effort de rupture de 1.250 grammes par mètre. On enduit extérieurement les ballons qui sont ainsi construits d'une teinture au chromate de plomb, arrêtant ceux des rayons solaires qui, par leur action actinique, altèrent le caoutchouc. C'est cette couleur qui donnait aux ballons de M. Lebaudy cet aspect *jaune* qui leur a valu leur appellation populaire.

Remarquons, en finissant, que les étoffes à ballon doivent être aussi résistantes dans le sens de la *trame* que dans celui de la *chaîne*, car, dans un aérostat sphérique gonflé, l'effort s'exerce également dans toutes les directions ; de plus, il est essentiel que les tissus n'aient subi aucun *apprêt*, qui ne servirait qu'à masquer les défauts et les imperfections de l'enveloppe.

A. Étude de la résistance des étoffes à ballons. — La résistance, la solidité de l'étoffe dont sera constituée l'enveloppe du ballon est, nous l'avons vu, une chose capitale de laquelle dépend la sécurité des aéronautes appelés à lui confier leur existence. Il est donc essentiel de pouvoir s'assurer que cette étoffe présente toutes les garanties voulues à ce sujet.

On exigera d'abord une étoffe également solide dans le sens de la longueur et dans celui de la largeur, car les tensions qu'elle subira seront les mêmes dans toutes les directions.

Pour étudier la résistance d'une étoffe choisie, on y découpe une bande de 5 centimètres de large sur 18 de long : cette bande s'appelle une *éprouvette*. On saisit les extrémités de cette éprouvette entre deux mâchoires métalliques dont l'une est accrochée à un solide support fixe, tandis que l'autre est chargée de poids que l'on augmente jusqu'à obtenir la rupture de l'échantillon. On recommence ensuite en coupant une éprouvette dont la longueur soit dans le sens perpendiculaire à celle de la première : on doit alors trouver la même charge pour produire la rupture.

Quand on a ainsi déterminé la *tension de rupture* de l'étoffe, on a un document sûr, indispensable à la construction du ballon ; on s'arrangera de façon que l'étoffe n'ait jamais à supporter un effort supérieur à la dixième partie de cette tension limite.

On remplace souvent la méthode d'essais avec des poids par une épreuve dans laquelle l'étoffe est soumise à la pression de l'eau comprimée par une pompe.

Dimensions, surfaces et volumes des ballons. — Nous allons résumer, dans un petit tableau, les surfaces d'enveloppes et les volumes de ballons de diamètres croissants. Ceux-ci sont exprimés en mètres, les surfaces en mètres carrés, les volumes en mètres cubes. Les plus petits de ces ballons (ballon anglais en baudruche et ballon militaire) permettent d'enlever à faible hauteur deux aéronautes légers.

DIAMÈTRE (en mètres.)	SURFACE D'ENVELOPPE (en mètres carrés.)	VOLUME (en mètres cubes.)
8,50	225	300
9,14	262	400
9,84	303	500
10,00	314	520
10,46	345	600
12,40	457	1.000
14,50	656	1.600
15,63	766	2.000
17,90	1.000	3.000
20,00	1.250	4.175
25,00	1.960	8.200
28,00	2.450	11.500
30,00	2.810	14.100
33,60	3.600	20.000
36,25	4.125	25.000

Il est, dès lors, facile de calculer la force ascensionnelle d'un ballon, de dimension donnée, formée d'une étoffe dont on connaît le poids par unité de surface, en se reportant aux nombres donnés au chapitre premier sur la force ascensionnelle d'un mètre cube d'hydrogène, de gaz d'éclairage ou d'air chaud.

Tracé de l'enveloppe. Fuseaux et quadrilatères. — Quand on a fait choix d'une étoffe déterminée, il s'agit, avec cette étoffe, de réaliser une sphère de diamètre voulu ; à cet effet, il faut procéder *par* *approximation*, car la surface d'une sphère ne peut pas s'appliquer sur un plan. Aussi a-t-on recours à des artifices géométriques pour tailler l'étoffe en différentes parties dont la réunion réalise une sphère.

A cet effet, on imagine la sphère décomposée en « fuseaux », en la supposant découpée en tranches à la façon d'un melon, la courbure transversale de chaque fuseau est très faible s'ils sont suffisamment nombreux : on pourra

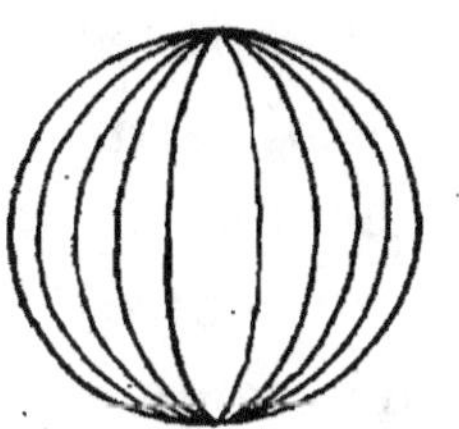

Divers assemblages d'étoffe.
Fuseaux.   Quadrilatère.

donc appliquer chacun d'eux sur une surface plane et la découper suivant un patron. La géométrie et l'algèbre donnent des formules pour ce travail.

Au point de vue de l'économie d'étoffe, de sa meilleure utilisation, on emploie souvent une méthode qui consiste à décomposer chaque fuseau en *quadrilatères* dont chacun a pour hauteur la largeur de l'étoffe prise dans sa pièce.

Assemblage des éléments de la surface. — Une fois les éléments tracés sur un patron en papier, on les découpe dans l'étoffe en laissant, en marge, un excès de 2 centimètres nécessaire aux assemblages.

Ceux-ci sont faits par coutures pour les étoffes de soie vernies et par collages et recouvrements dans le cas des étoffes multiples avec feuilles de caoutchouc interposées.

Les coutures sont faites à la machine par des ouvrières spéciales.

Quand le ballon est terminé, on colle sur chaque couture, à la colle de caoutchouc, une mince bande de soie qui assure l'étanchéité.

Dans le cas des étoffes caoutchoutées, on fait les assemblages sans coutures : on décolle les étoffes sur les bords et on les assemble en faisant chevaucher les bords les uns dans les autres, comme on entrecroiserait les dents de deux engrenages. On assemble alors les bords ainsi juxtaposés avec de la colle formée de caoutchouc dissous dans le sulfure de carbone, et l'on a ainsi des joints excellents et étanches.

Ces procédés sont pratiqués jusqu'au voisinage des pôles du ballon, c'est-à-dire des points où se placent, en haut la soupape, en bas la manche d'appendice. A ces deux endroits, on arrête les fuseaux et on constitue les calottes terminales par des portions circulaires d'étoffe, renforcées, en dessous, par des étoiles collées. Il est à remarquer que c'est ainsi que sont collés, sur les mappemondes qui servent à l'enseignement de la géographie, les éléments en papier gravés, dont la réunion constitue la représentation du globe terrestre.

CHAPITRE IV

SOUPAPES. — PANNEAUX DE DÉCHIRURE
APPENDICE

Rôle et définition de la soupape. — Nous savons que c'est au gaz léger renfermé dans son enveloppe que le ballon doit de s'élever dans l'atmosphère plus lourde. Grâce au *lest* qu'il emporte et qu'il peut jeter par-dessus le bord, il peut s'élever davantage. Mais s'il veut descendre, comme il n'a pas la ressource d'embarquer du lest supplémentaire, c'est-à-dire d'augmenter son poids, il n'a qu'un moyen, c'est de laisser échapper une partie de son gaz ; il suffit, pour cela, de pouvoir ouvrir un orifice au sommet de l'aérostat. Le gaz, que sa légèreté spécifique tend à faire toujours monter, sortira par cet orifice ; la force ascensionnelle du ballon se trouvera donc diminuée.

C'est cet orifice, susceptible d'être ouvert ou refermé à la volonté de l'aéronaute, que l'on appelle la *soupape*. Cet orifice sert donc à la manœuvre du ballon en hauteur, et, de plus, quand à la fin du voyage le ballon doit être vidé et plié, la soupape, largement ouverte, permet l'évacuation totale de l'enveloppe pour le gaz qui la remplissait.

Soupapes à ressorts et à clapets. — Ces soupapes, les plus anciennes en principe, et aussi les plus anciennement appliquées, sont constituées par un volet qui s'applique sur les bords d'un orifice métallique cylindrique serti au sommet de l'enveloppe. Ce volet est rappelé vers le haut et, par conséquent, maintenu fermé par des ressorts qui tirent de bas en haut. A ce volet est attachée une corde dont l'extrémité inférieure arrive dans la nacelle, à portée de la

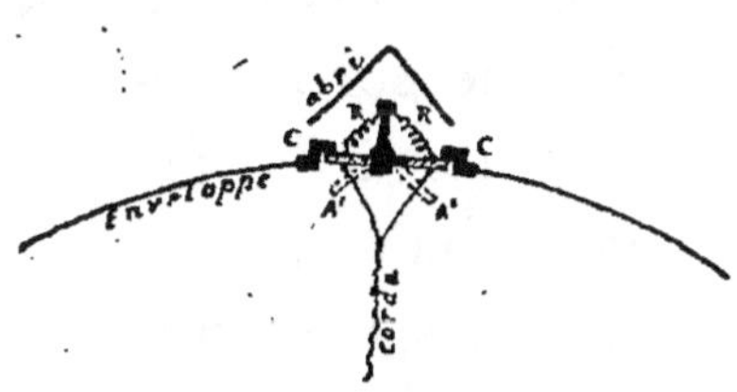

Soupape ordinaire.

main de l'aéronaute. Celui-ci, en tirant sur cette corde, peut vaincre la tension des ressorts, abaisser le volet et donner ainsi passage au gaz intérieur qui peut s'échapper au dehors. Vient-il à lâcher la corde ? aussitôt les ressorts relèvent le volet qui, appliqué de nouveau contre les bords de l'orifice, obture ce dernier et s'oppose à la sortie ultérieure du gaz.

Les soupapes, telles qu'elles sont construites aujourd'hui, n'ont plus les ressorts faits de fils de caoutchouc qu'elles avaient autrefois. Tous leurs ressorts sont métalliques, et une rondelle plate de caoutchouc, pressée par les ressorts entre le volet et l'orifice, assure l'étanchéité de la fermeture (système de M. Yon).

Je ne décrirai pas les innombrables types d'appareils basés sur ce principe et qui ne diffèrent les uns des autres que par des modifications peu importantes.

Qu'il me suffise d'indiquer et les avantages de ces soupapes, dont le principal est la simplicité, et leurs inconvénients. Ces derniers sont, d'abord, l'impossibilité où se trouve l'aéronaute d'apprécier la quantité plus ou moins grande dont la soupape est ouverte, ce qui l'expose à prolonger l'ouverture pendant un temps trop long, et par suite à faire une perte irrémédiable de force ascensionnelle. Ensuite, à l'atterrissage, il est nécessaire que l'aéronaute, pour maintenir sa soupape ouverte, en tienne toujours à la main la corde de commande, et cela à un moment critique où il a besoin de toute son attention et de tous ses moyens actifs pour faire face aux diverses nécessités de cette opération, sinon dangereuse, du moins toujours délicate.

Soupape à double effet du colonel Renard. — Aussi a-t-on imaginé et construit des soupapes à *double effet*, qui remplissent un double but : elles s'ouvrent, en cours de route, pendant le temps, aussi court que le désire l'aéronaute, nécessaire à la manœuvre, et pendant lequel il peut en graduer avec précision l'ouverture ; enfin, lors de l'atterrissage, elles restent ouvertes d'une façon définitive, permettant ainsi au gaz d'évacuer complètement l'enveloppe.

Nous allons donner la description de la soupape du colonel Renard, dont l'heureuse disposition est bien caractéristique de tous les appareils imaginés par cet éminent officier.

La soupape a pour *corps* un manchon cylindrique,

en métal ou en carton-pâte durci, ouvert par les deux bouts et serti, à l'aide d'une ligature, dans la partie supérieure de l'aérostat. Ce manchon est, sur sa circonférence, percé de fenêtres verticales, à la façon des galeries de cuivre qui supportent les verres de lampe dans les lampes domestiques, tout en permettant le tirage.

La partie inférieure du manchon est fermée, à la façon des pots de confiture, par un disque d'étoffe à ballon rattaché au manchon par une ligature. Ce disque porte, fixées à sa surface, quelques bandelettes résistantes, attachées à un même anneau auquel est fixée une corde dont l'autre extrémité aboutit dans la nacelle. Voilà pour la partie inférieure.

La partie supérieure de l'appareil est ouverte, ouverte sous une sorte de petite toiture qui la protège de la pluie et du soleil. Autour des fenêtres verticales qui garnissent la circonférence du manchon, et pour les obturer hermétiquement, s'applique une véritable *chambre à air*, analogue à celle des pneumatiques de bicyclettes. Le tuyau de gonflement de cette chambre à air sort à l'extérieur du ballon, se continue par un tube en caoutchouc qui descend tout le long de l'aérostat et aboutit à une poire de compression que l'aéronaute peut presser dans sa main.

Quand elle est dégonflée, cette chambre à air s'applique, par son élasticité, à la façon d'un ruban de caoutchouc plat, sur le pourtour du cylindre dont elle obture toutes les fenêtres : le gaz ne peut donc s'échapper à l'extérieur. Mais, si l'aéronaute, en manœuvrant la poire de compression, vient à exercer une pression dans cette chambre à air, que va-t-il se passer? tout simplement ceci, que la chambre va se gonfler, prendre la forme d'un gros anneau rond en perdant celle du ruban plat qu'elle avait tout à l'heure, et alors, en se gonflant, elle découvre de plus en plus les fenêtres latérales percées dans le manchon et le gaz s'écoule tant que la pression subsiste ; pour la faire cesser l'aéronaute n'a qu'à ouvrir un robinet placé sur le tube de caoutchouc à la suite de la soupape : aussitôt la chambre à air se dégonfle et, en s'aplatissant, vient de nouveau obturer les fenêtres dont le manchon est muni.

Voilà donc comment, en cours de route, l'aéronaute peut manœuvrer la soupape à sa volonté, en en graduant l'ouverture d'après la compression qu'il exerce et dont la valeur lui est indiquée par un manomètre.

S'agit-il maintenant, à l'atterrissage, d'ouvrir au gaz un passage de sortie large et permanent, pour assurer le rapide dégonflement du ballon ? On tire sur la corde attachée à la fermeture inférieure du manchon et celle-ci, aussitôt arrachée, livre passage au gaz intérieur qui s'échappe librement dans l'atmosphère.

Il est inutile de dire que les dimensions des soupapes, la surface de leurs orifices doivent être rigoureusement calculées de façon à assurer la sûreté de la manœuvre. Les formules qui expriment les lois de l'écoulement des gaz sous une pression déterminée permettent de calculer ces éléments si importants.

L'expérience a démontré que toute soupape à double effet, pour être un organe de sécurité et de précision dans la manœuvre, devait laisser sortir, pendant une seconde, environ la deux-millième partie du gaz total renfermé dans l'enveloppe. Quant à l'ouverture définitive, obtenue par l'arrachement de la membrane inférieure de fermeture du manchon, elle doit laisser sortir de deux à trois fois plus de gaz que la précédente.

Bande de déchirure. — Enfin, il faut tout prévoir, même le cas où la soupape refuserait absolument de fonctionner, soit en cours de route, soit à l'atterrissage. On a, alors, recours à une disposition *in extremis* qui est la *bande de déchirure*.

Cette bande est un panneau d'étoffe, fermant un trou de même dimension pratiqué dans l'enveloppe, et simplement appliqué sur les bords de cette ouverture par de la colle au caoutchouc. Une corde, fixée au milieu de ce panneau et aboutissant dans la nacelle, permet, en exerçant sur elle une traction brusque et vigoureuse, de l'arracher de ses bords et de démasquer ainsi d'un seul coup toute l'étendue de l'orifice qu'il recouvrait. On obtient, alors, un dégonflement très rapide.

Toutefois, ce dégonflement pourrait être *trop* rapide ; aussi cette manœuvre n'est-elle employée qu'en cas d'extrême nécessité.

La manche d'appendice. — A la partie inférieure du ballon, se trouve, avons-nous dit, un second orifice, diamétralement opposé à la soupape ; cet orifice sert au remplissage, par l'intermédiaire d'une *manche* d'étoffe qui y aboutit et qui, pendant librement au-dessous du ballon, a reçu le nom *d'appendice*.

L'appendice ne sert pas seulement au remplissage du ballon : il joue encore un autre rôle. C'est une véritable soupape de sûreté qui permet la sortie libre du gaz intérieur si celui-ci, par suite d'une dilatation brusque occasionnée soit par un coup de soleil, soit par la détente, voit sa pression augmenter. Si l'enveloppe était complètement fermée, cette surpression pourrait amener l'éclatement de l'enveloppe, tandis que, grâce à la libre sortie que lui offre l'appendice, le gaz intérieur s'échappe par là dès que sa pression devient supérieure à la pression extérieure.

De même que, pour les soupapes, les dimensions de l'appendice sont calculées d'après les formules qui résultent des lois de la dynamique des fluides. Disons, en terminant, que la manche d'appendice est quelquefois remplacée par une simple soupape à ressort, qui s'ouvre de dedans en dehors dès que la pression dépasse une certaine valeur. Ce dispositif a l'avantage d'assurer une pression constante à l'intérieur de l'enveloppe.

On voit, par ce qui précède, combien, dans la construction des enveloppes de ballon, tout doit être calculé avec soin et combien sont vastes les connaissances scientifiques nécessaires à celui qui, ne voulant rien abandonner au hasard, tient à avoir tout prévu, tout déterminé mathématiquement et expérimentalement dans la construction de son aérostat.

Cela montre donc bien que l'aérostation n'est pas simplement une fantaisie, mais une science, et cela explique pourquoi tant d'accidents terribles sont déjà arrivés : presque tous sont dus à une connaissance insuffisante des lois physiques ou mécaniques que doit posséder l'aéronaute, ou à la non-observation des règles qui découlent de ces lois.

Et, plus que jamais, éclate comme une vérité cette magnifique sentence d'un de nos plus grands chimistes :

« *Toute science à laquelle, la mesure, le poids et le calcul ne sont pas applicables ne peut être considérée comme une science exacte : elle constitue un assemblage d'abstractions sans liens ou de simples conceptions de l'esprit.* »

(STAS, *la Science et l'Imagination.*)

CHAPITRE V

LE FILET, LA NACELLE, LES AGRÈS

Le filet de suspension. — Ce n'est pas tout d'avoir réalisé une enveloppe légère et imperméable, de l'avoir munie des organes de manœuvre et de sécurité nécessaires à son fonctionnement : il faut « utiliser » notre flotteur aérien et le rendre apte à emporter, à travers l'atmosphère, les voyageurs qui désirent accomplir un déplacement en ballon.

Il faut donc avoir un organe qui relie d'une façon solide, simple et sûre, l'enveloppe à la *nacelle* dans laquelle prendront place les aéronautes. Cet organe, c'est le *filet de suspension*.

Le filet enveloppe complètement la moitié supérieure de l'enveloppe sphérique; il descend un peu au-dessous de son équateur et, là, les cordes qui le terminent dessinent, par leur ensemble, un tronc de cône renversé, en allant se réunir toutes à un cercle en bois qui s'appelle le *cercle de suspension*. De ce cercle partent alors les cordes qui supportent directement la nacelle et son contenu.

Le filet doit être solide : cette solidité doit être telle qu'il puisse supporter 8 ou 10 fois le poids maximum qu'il supportera effectivement, c'est ce

4

qu'on appelle avoir un *coefficient de sécurité* égal à *8* ou *10*. Il doit être aussi léger que possible, et les nœuds ou assemblages qui se trouvent forcément aux croisements de ses fils doivent avoir aussi peu de saillie que possible pour éviter de détériorer, de « blesser » l'enveloppe, si tendue, de l'aérostat qu'ils recouvrent.

Le rôle du filet est d'une importance capitale : il sert à répartir sur une partie aussi considérable que possible de la surface du ballon les efforts provenant du poids de la nacelle, de sa cargaison et de ses passagers. Nous aurons donc là encore à faire intervenir les formules mathématiques de la résistance des matériaux si nous voulons déterminer d'une façon rationnelle les dimensions que devront avoir les diverses parties du filet. On voit donc une fois de plus qu'en aéronautique rien n'est laissé à l'aventure, rien n'est fait « au petit bonheur » : tout, au contraire, doit être mathématiquement calculé, sous peine de s'exposer aux plus graves conséquences.

Le filet est composé de *mailles*, sortes de losanges dont les quatre côtés sont des brins de cordages ; mais ces mailles ne descendent pas jusqu'au cercle de suspension : elles seraient, alors, par trop étroites, par suite du rapprochement exagéré des brins convergents. Aussi, à partir du point où le filet cesse de toucher l'enveloppe, réunit-on les sommets des dernières mailles trois par trois à l'aide de *pattes d'oie*, et ces pattes d'oie elles-mêmes convergent sur des *suspentes* qui soutiennent directement le cercle de suspension de la nacelle. Inutile de dire que la grosseur et, par suite, la force portante des cordes de suspension augmente à mesure que leur nombre décroît, quand on arrive au voisinage du cercle de suspension.

Quant à la partie supérieure du filet, elle est évidée pour laisser passer la soupape. Les liaisons des pattes d'oie, des suspentes et du cercle sont assurées par des organes qui sont les *cosses*, sorte d'anneaux en cuivre. et les *cabillots*, petits bâtons de bois qui terminent un cordage et fixent la boucle d'un autre.

Cordes de manœuvre. — Dans beaucoup d'aérostats, on ajoute, à l'équateur même, un certain nombre de pattes d'oie qui se terminent, non par des suspentes, mais par de longs cordages pendant librement autour de l'aérostat et d'une longueur telle qu'ils arrivent au sol avant lui. Ces cordages servent aux hommes chargés de manœuvrer le ballon à le retenir lors du gonflement, et, à ceux qui veulent aider à l'atterrissage, à le saisir et à l'immobiliser. On les appelle des *cordes de manœuvre*.

Cercle de suspension et nacelle. — Le cercle de suspension, auquel aboutissent les suspentes émanant du filet, est presque toujours en bois recourbé. Pour les très gros ballons, il est formé d'un tube d'acier de grande résistance; le cercle sert d'intermédiaire nécessaire entre le filet et la nacelle. Son diamètre est généralement le dixième de celui de l'aérostat.

La réunion du cercle et de la nacelle se faisait autrefois par une seule série de suspentes droites: cela présentait l'inconvénient, en cas d'inclinaison du système, de répartir inégalement les efforts. Dupuy de Lôme et le colonel Renard ont remplacé les suspentes simples par un double système de suspentes, les unes directes, les autres en double cône, constituées par des *balancines* obliques. Ces balancines forment une double série, entièrement comprise entre les suspentes directes. Les premières partent du cercle et se réunissent en un point, les secondes partent de ce point pour se fixer à la nacelle. On a ainsi remplacé les liaisons à quadrilatères, par des liaisons triangulaires qui, comme chacun le sait, sont moins déformables.

Quant à la nacelle, c'est un panier en osier, ayant la forme, soit d'un cube, soit d'une boîte rectangulaire plate, plus ou moins longue et large suivant les dimensions du ballon. Dans certains aérostats on l'a faite circulaire. Dès que les dimensions de cet organe, si important pour la commodité et la sécurité des voyageurs, viennent à augmenter, il est nécessaire d'en renforcer la construction, soit par des barres de bois, soit par des cordages, soit par des tubes d'acier. Elle doit comporter des sièges pliants pour que les aéronautes puissent s'asseoir.

Dans certains aérostats exceptionnels, comme le *Géant* de Nadar, la nacelle était à deux étages, l'étage inférieur constituant une véritable chambre, avec porte, fenêtres et couchettes.

La nacelle à terre, au moment du gonflement.

Disons, à titre de renseignement, que le filet d'un ballon de 10 mètres de diamètre (520 mètres cubes) pèse un peu plus de 25 kilogrammes ; ce poids atteint 45 à 50 kilogrammes pour un ballon de 1.000 mètres cubes ; quant à la nacelle, elle pèse, pour le ballon type de 520 mètres cubes, environ 20 kilogrammes ; son poids est de 30 kilogrammes pour un ballon de 1.000 mètres cubes.

Les ancres. — L'ancre est nécessaire à l'aéronaute pour assurer l'atterrissage et éviter le traînage du ballon sur le sol au moment où il arrive à son niveau. L'ancre classique de la marine n'est presque plus employée par les aéronautes qui se servent uniquement de *grappins*, ancres à plusieurs pattes, dont la forme et la disposition varient suivant les constructeurs ; le colonel Renard a même imaginé une *ancre articulée* qui a l'avantage, une fois repliée, de n'occuper que très peu de place et, par suite, d'être aussi peu encombrante que possible.

Mais les ancres ont toutes un défaut commun : c'est leur poids considérable.

L'ancre est attachée à l'extrémité d'un câble enroulé en *glène* et suspendu extérieurement à la nacelle par une cordelette qu'il suffit de couper pour que l'ancre tombe en déroulant son câble.

Le lest. — Le *lest*, ou cargaison variable que l'on peut jeter, par portions successives, par-dessus le bord pour alléger le ballon et lui permettre de reprendre un mouvement ascensionnel dans l'atmosphère, est presque exclusivement composé de sacs de sable. Ces sacs sont, le plus souvent, de dimensions telles qu'ils contiennent chacun 20 kilogrammes de sable. Ce poids est convenable pour la plupart des ascensions courantes.

Toutefois, quand il s'agit d'ascensions scientifiques où l'on se propose d'atteindre de très grandes altitudes, il ne faut pas oublier que, à de pareilles hauteurs où l'oxygène est très raréfié, toute dépense d'énergie musculaire devient très pénible, et le fait de soulever, dans ces conditions, un sac de vingt kilogrammes peut constituer parfois un effort trop grand. Dans ces cas spéciaux on répartit le lest en sacs de 10 kilogrammes seulement.

Ces sacs sont quelquefois accrochés extérieurement à la nacelle, de façon à réduire au minimum la manœuvre à faire pour en vider le contenu : c'est une disposition dangereuse, car la rupture d'une attache d'un sac de lest déterminerait un délestage inattendu de l'aérostat et pourrait changer complètement les conditions de sécurité de l'ascension. Il est plus prudent de les avoir bien à portée de la main, mais *à l'intérieur* de la nacelle.

Le guiderope. — Cet organe, l'un de ceux qui constituent un réel progrès dans l'aéronautique, fut inventé par Green. Il consiste en une longue corde, relativement épaisse et lourde, qu'on laisse pendre librement au-dessous de la nacelle. Quand le ballon s'approche de terre, le bout libre du *guiderope* touche la terre le premier, et le ballon se trouve délesté de tout le poids de la partie qui repose sur le sol. Il arrive donc ainsi à s'arrêter dans son mouvement de descente si celui-ci n'est pas trop rapide. La longueur du guiderope est toujours comprise entre 100 et 200 mètres ; elle est, ordinairement, de 150 mètres. Pour un ballon de 1.500 à 2.000 mètres cubes de capacité, son poids total est d'environ 50 kilogrammes.

Comme le guiderope a pour but principal de soulager le ballon à l'atterrissage en le délestant, on a pensé à le constituer à l'aide d'un câble de diamètre croissant de la nacelle à l'extrémité libre : on alourdit alors cette extrémité à l'aide d'une « fourrure » plus ou moins épaisse, faite de couches de cordelettes enroulées sur le câble principal.

Indépendamment de son usage comme « délesteur », le guiderope, en cas de traînage du ballon sur le sol, si l'on atterrit par forte brise, sert d'organe fixateur : il peut s'enrouler autour des branches d'arbres, des pierres, etc., et ralentir ainsi la marche du ballon. Il est juste d'ajouter que c'est lui qui est la cause des principaux dégâts commis par l'aérostat en ces circonstances.

Si l'on prévoit une descente sur l'eau, on termine le guiderope par une sorte de queue de cerf-volant, fournie de lourds disques de bois enfilés en chapelet sur le câble, à courte distance les uns des autres. Chacun de ces disques, dès qu'il touche l'eau, flotte à sa surface, et le ballon se trouve délesté de son poids et de celui de la portion du câble correspondante.

C'est ce chapelet qui constitue le principe des « stabilisateurs » imaginés par M. Hervé, et qui ont été essayés dans les deux tentatives célèbres de traversée de la Méditerranée à l'aide d'un ballon maintenu près de la surface de l'eau.

Prix d'un ballon. — Un dernier renseignement nous reste à donner, c'est le prix d'un aérostat. Ce prix varie, naturellement, selon la qualité de l'étoffe employée pour l'enveloppe. Nous allons indiquer les prix de ballons dont les enveloppes sont faites de différentes substances.

NOMBRE de personnes enlevées.	VOLUME du ballon en mètres cubes.	PRIX du ballon en coton.	PRIX du ballon en pongée de Chine.	PRIX du ballon en soie de Lyon.	PRIX du ballon en étoffe caoutchoutée.
	mèt. cub.	francs.	francs.	francs.	francs.
1-2	520	2 200	3 300	3 000	7 000
2	700	2 500	4 000	4 000	8 800
4	1 000	3 000	5 200	6 000	12 000
5	1 500	3 800	8 000	9 000	18 000
8-9	2 000	4 200	10 500	12 000	24 000
10	2 500	5 000	12 500	16 000	32 000
12	3 000	7 000	15 000	20 000	40 000

N. B. Ces renseignements relatifs aux prix sont approximatifs et ne sont donnés qu'à titre de « moyennes » pour que le lecteur puisse se faire une idée de la somme qu'il faut consacrer à l'achat d'un aérostat de qualité et de volume déterminés. Ces prix varient légèrement suivant le cours plus ou moins élevé de la soie et suivant les constructeurs.

CHAPITRE VI

LA FABRICATION DU GAZ HYDROGÈNE

Qu'est-ce que l'hydrogène ? Composition et décomposition de l'eau. — Nous avons eu l'occasion de dire qu'il existait un gaz treize fois plus léger que l'air et dont la légèreté spécifique indiquait naturellement l'emploi quand il s'agit de gonfler un ballon ; ce gaz est le gaz *hydrogène*.

Qu'est-ce que l'*hydrogène ?* Son nom, dérivé du grec, signifie, dans cette langue : « qui engendre de l'eau » ; nous allons donner une explication de cette étymologie.

Si l'on mélange un litre d'oxygène avec deux litres de gaz hydrogène, si l'on enflamme ce mélange, une formidable détonation retentit, et il se forme deux litres de vapeur d'eau. Cette expérience simple et d'ailleurs classique nous apprend la composition de l'eau qui est formée d'hydrogène et d'oxygène en parties inégales. Si, au lieu de chercher la composition de l'eau à l'état de vapeur nous la cherchons à l'état liquide, sous lequel elle se présente ordinairement à nous, nous dirons, avec tous les chimistes, que 9 grammes d'eau contiennent 8 grammes d'oxygène, et 1 gramme d'hydrogène.

Comme l'eau recouvre, sous forme de fleuves, de lacs et d'océans, les trois quarts de la surface du globe terrestre, on voit que nous avons une source, pour ainsi dire, infinie de gaz hydrogène. Le tout est de savoir comment nous le ferons sortir de cette « eau » dans laquelle il est, en quelque sorte, enchâssé.

Procédés de préparation de l'hydrogène à froid, au rouge. — Nous allons donc, pour avoir notre gaz, essayer de décomposer l'eau. Celle-ci, avons-nous dit, est formée d'hydrogène et d'oxygène. Or ce dernier corps se combine très facilement à une foule de corps, en particulier aux métaux qui ont une tendance à « s'oxyder ». Nous mettrons donc, dans des conditions convenables, un métal — ou un corps quelconque, — facilement oxydable en présence de l'eau : ce corps se combinera à l'oxygène, et l'hydrogène dégagé de ses liens sera mis en liberté.

Le procédé le plus simple est d'opérer à froid, en prenant comme métal le zinc ou le fer qui décompose l'eau à la température ordinaire en présence d'un acide. On mettra donc, dans un vaste récipient, du zinc en rognures ou du fer en copeaux, et on versera sur le tout de l'eau additionnée d'acide sulfurique : il se formera du sulfate de zinc ou du sulfate de fer, et l'hydrogène se dégagera ; on pourra, dès lors, le recueillir par un tuyau placé à la partie supérieure du récipient.

C'est le vieux procédé employé par les anciens aéronautes, sous le nom de *méthode des tonneaux*, pour préparer leur gaz. L'hydrogène ainsi fabriqué était, d'ailleurs, plein d'impuretés qui en augmentaient quelque peu la densité. Le colonel Renard et M. Yon ont perfectionné ce procédé en imaginant des *appareils à circulation* qui donnent une production continue et régulière d'hydrogène. Quelques-uns de ces appareils sont même montés sur des chariots, pour le service des armées en campagne.

On peut éviter d'employer un acide à condition d'élever la température jusqu'au rouge vif des forges. A cet effet, on prend une chaudière où l'on fait bouillir de l'eau, et la vapeur ainsi produite passe dans un tube en céramique réfractaire, contenant du fer en copeaux ou en fils ; ce tube est chauffé au rouge. A cette température, le fer se combine directement avec l'oxygène contenu dans la vapeur d'eau et c'est de l'hydrogène qui sort seul à l'autre extrémité du tube : l'oxygène reste sur le métal, à l'état d'oxyde de fer. Giffard remplaçait le fer métallique par du minerai de fer oligiste, à base de sesquioxyde de fer, qui donne une production régulière.

Décomposition de l'eau par l'électricité. — Le courant électrique nous fournit un moyen encore plus simple de décomposer l'eau en mettant à profit la célèbre expérience de Volta :

On sait que, si l'on fait arriver le courant électrique dans de l'eau, rendue conductrice par l'addition d'un acide ou d'une base, l'hydrogène se dégage en bulles autour du pôle négatif, l'oxygène autour du pôle positif. C'est cette expérience que l'on réalise avec l'appareil appelé *voltamètre*.

Le colonel Renard, d'une part, le professeur d'Arsonval, de l'autre, ont réalisé le voltamètre d'une façon industrielle, lui permettant d'utiliser les courants puissants fournis par les machines dynamo-électriques actuelles.

Dans le voltamètre que l'on montre aux cours de physique, le courant arrive dans l'eau acidulée par deux *électrodes*, deux lamelles de platine, coiffées chacune d'une éprouvette en verre destinée à recueillir le gaz dégagé. Il est évident qu'un tel dispositif ne peut être employé pour obtenir de grandes quantités de gaz, car il faudrait des surfaces de platine considérables, ce qui, vu le prix élevé de ce métal, rendrait l'appareil pratiquement irréalisable ; heureusement le colonel Renard et M. d'Arsonval ont reconnu que l'on pouvait remplacer le platine par de la tôle, à condition de substituer à l'eau acidulée de l'eau « potassée » ou « sodée ». Une toile d'amiante sépare les deux électrodes de tôle ; elle est perméable aux liquides, laisse passer le courant électrique et empêche cependant l'oxygène et l'hydro_gène, séparés par l'électricité, de se réunir.

La décomposition de l'eau sous l'influence de l'électricité se nomme l'*électrolyse* de l'eau.

Hydrogène comprimé. — Enfin, il y a un moyen encore plus simple d'avoir de l'hydrogène pour gonfler les ballons : c'est de l'acheter « chez le marchand ».

Il existe, en effet, des usines où l'on produit ce gaz en grandes quantités, soit par les procédés que nous avons indiqués, soit par d'autres encore (air liquide, etc.) sur lesquels il serait trop long d'insister. Cet hydrogène est comprimé dans des *tubes* en acier résistant, pesant chacun de 8 à 10 kilogrammes, sous la

(Cl. P. Lafitte et Cⁱᵉ).

Voitures de tubes d'hydrogène.

pression de 100 à 150 atmosphères. Chacun de ces tubes est fermé par un robinet à vis et à pointeau conique. Si l'un de ces tubes contient 10 litres à la pression ordinaire, il en contient 150 fois plus sous la pression de 150 atmosphères (loi de Mariotte), soit 1.500. En ouvrant le robinet de fermeture, on pourra donc extraire de ce tube un mètre cube et demi d'hydrogène.

C'est ce procédé qui est presque uniquement

employé aujourd'hui pour le gonflement des ballons militaires en campagne à cause du peu de volume des tubes et de la facilité avec laquelle on les charge sur des fourgons spéciaux. L'avantage est, en outre, d'avoir du gaz purifié, obtenu instantanément et sans aucune manipulation. L'inconvénient du procédé est d'être cher, mais, pour la défense nationale, on ne regarde heureusement pas à la dépense. C'est ainsi qu'a été gonflé le ballon employé à Casablanca, au Maroc, par le génie militaire français. C'est également à l'aide de l'hydrogène comprimé que sont gonflés les ballons sondes du prince de Monaco et le ballon captif qui a été lancé au-dessus des glaces de l'Antarctique par l'expédition anglaise de la *Discovery* partie à la conquête du pôle Sud.

Je n'insiste pas sur les méthodes d'épuration qu'il est nécessaire d'employer quand on prépare l'hydrogène par décomposition de l'eau. C'est de la technique spéciale, dont nos lecteurs trouveront les descriptions dans les ouvrages consacrés à la fabrication industrielle de l'hydrogène et dans les traités de chimie.

L'hydrolithe. — Il m'est impossible de terminer ce chapitre sans signaler un produit chimique extrêmement intéressant, à cause de sa simplicité et des applications merveilleuses qu'il peut avoir à l'aérostation, je veux parler de l'*hydrure de calcium* ou *hydrolithe*.

Grâce à l'automobile et à la bicyclette, qui utilisent des lanternes à acétylène, tout le monde connaît la manière si simple de préparer ce gaz, avec le carbure de calcium découvert par le professeur Moissan. Il suffit de jeter du carbure de calcium dans l'eau pour obtenir, immédiatement, un dégagement très vif de gaz acétylène.

Le professeur Moissan s'est demandé si l'on ne pourrait pas obtenir un produit analogue au carbure de calcium et qui, projeté dans l'eau, donnerait non plus de l'acétylène, mais de l'hydrogène. Ce produit, il l'a obtenu ; c'est l'*hydrure de calcium* qui, projeté dans l'eau, engendre de la chaux, tandis que l'hydrogène se dégage. M. Jaubert a donné à ce corps, qu'il fabrique, maintenant, d'une façon industrielle, le nom d'*hydrolithe* (pierre à hydrogène).

On voit les espoirs que fait naître la possession d'un pareil corps : si l'on constituait le lest d'un ballon à l'aide de deux provisions, d'eau d'une part et d'hydrolithe de l'autre, au lieu de jeter simplement ce lest par-dessus bord, on préparerait de l'hydrogène qui comblerait les pertes subies par le ballon, et l'on jetterait simplement le résidu formé d'eau et de chaux.

Le seul obstacle est le prix élevé de l'hydrolithe : 5 francs le kilogramme, donnant environ 1 mètre cube d'hydrogène.

Prix de revient de l'hydrogène. — Ceci nous conduit à parler du prix de revient de l'hydrogène, suivant qu'il est préparé par l'une ou l'autre des méthodes ci-dessus.

Préparé par le fer et l'eau acidulée, à l'aide des appareils les plus modernes (appareil à circulation du colonel Renard, pour remplacer les tonneaux) l'hydrogène revient à 1 franc le mètre cube.

Par le procédé Giffard (décomposition de l'eau par le minerai de fer oligiste chauffé au rouge) le prix de revient est d'environ 30 à 40 centimes le mètre cube ; mais ce procédé fournit du gaz mélangé d'oxyde de carbone qui l'alourdit.

En décomposant du gaz d'éclairage par de l'air liquide, MM. d'Arsonval et Georges Claude ont obtenu de l'hydrogène assez facilement, avec le prix de revient de 60 à 70 centimes le mètre cube. Enfin, nous avons dit que l'*hydrolithe* fournirait de l'hydrogène revenant au prix, assez élevé, de 5 à 6 francs le mètre cube.

L'*électrolyse* fournit le gaz dans la condition de 6 kilowatt-heures pour 1 mètre cube. Le kilowatt-heure peut s'abaisser facilement au prix de 10 centimes, ce qui mettrait le mètre cube d'hydrogène à 60 centimes, sans préjudice du bénéfice que l'on pourra retirer de la vente de l'oxygène produit par-dessus le marché.

Quant à l'hydrogène comprimé, son prix varie selon le mode d'obtention du gaz que l'on accumule sous pression dans des bouteilles d'acier.

Gaz d'éclairage. Autres gaz. — Enfin, nous avons

dit qu'on gonflait souvent les aérostats au gaz d'éclairage. Nous ne donnons pas le prix de revient, faible d'ailleurs, de ce gaz qui varie suivant les villes et suivant les contrats spéciaux que l'on peut faire avec les usines locales.

On a bien essayé de gonfler le ballon avec du *gaz à l'eau* (mélange d'hydrogène et d'oxyde de carbone obtenu par la décomposition de l'eau par du coke chauffé au rouge). Les propriétés toxiques de l'oxyde de carbone, qui rendent ce gaz si dangereux, ont fait éliminer ce procédé. L'ingénieur Ch. Tellier, l'inventeur de si ingénieuses machines frigorifiques dans lesquelles le froid est produit par la liquéfaction et l'évaporation du gaz ammoniac, avait proposé ce gaz pour gonfler les ballons : l'avantage qu'on y aurait trouvé eût été la suppression de la soupape, car l'excessive solubilité du gaz ammoniac dans l'eau permettait d'en faire disparaître, par dissolution, une quantité aussi grande qu'on aurait voulu en mettant simplement en communication, par un robinet, le gaz intérieur avec un récipient plein d'eau. De plus, en chauffant celle-ci, la dissolution ammoniacale dégageait le gaz qu'elle avait absorbé et que l'on pouvait ainsi, à volonté, renvoyer dans l'intérieur de l'aérostat.

Mais, outre sa faible force ascensionnelle, le gaz ammoniac attaque les étoffes et le caoutchouc : l'enveloppe d'un aérostat gonflé au gaz ammoniac serait donc rapidement hors d'usage.

En somme, on emploie pratiquement, soit le gaz

Un gonflement au j

d'éclairage qu'on trouve, dans les villes, toujours disponible, soit l'hydrogène ; ce dernier est préparé,
ou par le zinc et l'acide sulfurique, à l'aide d'un
appareil à circulation, ou avec des tubes d'hydrogène comprimé, obtenu par l'un quelconque des
procédés énumérés plus haut.

Nous allons voir, maintenant, comment on réalise
le gonflement d'un aérostat.

au jardin des Tuileries.

CHAPITRE VII

GONFLEMENT ET DÉPART DU BALLON

Le gonflement. — Dans les anciens ouvrages traitant de l'aérostation et, actuellement encore, dans la plupart des traités de physique, on décrit, pour le gonflement des aérostats, un procédé quelque peu désuet.

C'est ainsi qu'on donne comme nécessaire l'installation de deux grands poteaux, d'une hauteur égale à la longueur des fuseaux dont l'enveloppe est constituée. Une corde horizontale réunit le haut des deux poteaux et le ballon, attaché par le sommet au milieu de cette corde, pend librement jusqu'à terre, la manche d'appendice arrivant ainsi très près du sol, prête à recevoir le gaz fourni par l'appareil générateur.

En réalité, on opère plus simplement. Voici de quelle manière : on étale sur le sol l'enveloppe vide recouverte de son filet dont on a soin d'« éclaircir » les mailles, de façon que, au gonflement, il n'y ait ni nœuds ni coques ; la soupape est placée au centre du vaste cercle constitué par l'étoffe, et la manche d'appendice est raccordée, à l'aide de ligatures, au tube d'arrivée du gaz qui doit remplir l'aérostat. Ce raccord doit être aussi étanche que possible, d'abord pour ne pas perdre de gaz, ensuite pour qu'il n'entre pas d'air dans le ballon, ce qui diminuerait sa force ascensionnelle.

A mesure que l'enveloppe se gonfle et commence à soulever le filet, on accroche à celui-ci des sacs de lest, de façon à le maintenir à terre ; quand le ballon est à moitié rempli et que l'équateur commence à se trouver au-dessus du sol, les pattes d'oie apparaissent, ainsi que les suspentes du cercle de suspension. C'est alors sur ces dernières qu'on croche les sacs de lest. On les maintient jusqu'à l'entier remplissage de l'enveloppe. Quand ce remplissage est complet, on fixe le cercle aux suspentes, après avoir, à l'aide de cabillots, relié à ce cercle la nacelle

elle-même, lourdement chargée d'un excès de sacs de sable pour empêcher l'enlèvement prématuré de l'engin. C'est alors qu'apparaît l'utilité des *cordes de manœuvre*, dont on peut amarrer quelques-unes à

(Cl. du *Journal*.)

Gonflement « en épervier ».
(Au sommet de l'enveloppe on distingue l'*abri* de la soupape.)

des points fixes, ce qui maintient le ballon jusqu'au moment du départ.

Cette méthode de gonflement s'appelle la méthode *en épervier*, pour la distinguer de la méthode *en baleine*, beaucoup moins recommandable, dans laquelle le ballon est allongé sur le sol, comme un énorme cétacé, au lieu d'être aplati, ainsi qu'on fait dans la méthode en épervier.

Le départ. — C'est alors que l'aéronaute et ses passagers montent dans la nacelle.

Inutile de dire que le « pilote » aérien, celui qui doit diriger l'ascension et qui en porte la responsabilité, doit avoir assisté au gonflement, avoir tout surveillé par lui-même. Il doit s'être assuré du bon fonctionnement de la soupape ; il doit avoir vérifié que la corde qui en commande la manœuvre tombe librement dans la nacelle, ou, si c'est une soupape pneumatique du genre Renard, que le tube de caoutchouc et les poires de compression sont en bon état ainsi que la corde du panneau de déchirure, que les sacs de lest sont dans la nacelle en nombre suffisant pour l'ascension. Il doit constater que le guiderope est enroulé extérieurement à la nacelle, ainsi que le câble de l'ancre et que celle-ci, au moment de l'ascension, ne pourra blesser personne.

Il doit veiller lui-même à l'installation des instruments de précision qui doivent l'accompagner et le guider de leurs précieuses indications : boussole, thermomètre, hygromètre, et surtout *baromètre*, l'organe par excellence qui doit renseigner l'aéronaute et lui indiquer les manœuvres à faire, suivant que son aiguille montera ou descendra.

Une fois les voyageurs embarqués, le ballon étant toujours retenu par les cordes de manœuvre, on se dispose à partir. On débarque, à cet effet, le nombre de sacs de lest nécessaire pour que l'aérostat indique une tendance à se soulever lorsqu'on « mollit » les cordes de manœuvre. Quand on estime que la force ascensionnelle, nécessaire au départ, est suffisante, on cesse de débarquer du lest ; on commande « Tiens bon ! » aux hommes qui retiennent encore les cordes de manœuvre, et enfin, quand le pilote juge que

(Cl. du *Journal*.)

Départ de ballons aux Tuileries.

tout est « paré », il jette le commandement solennel : « Lâchez tout ! »

Et le ballon s'enlève majestueusement, lentement autant que possible, car on aura toujours la ressource, en vidant des sacs de lest, d'accélérer sa vitesse d'ascension.

Précautions à prendre au départ. — Mais ce commandement de « Lâchez tout ! » ne doit pas être donné à la légère, car le ballon peut, en s'élevant, occasionner des accidents graves.

Il ne faut pas, en effet, oublier de compter avec le vent. Les temps sont passés où l'on faisait une ascension uniquement de *hauteur* : ce que cherchent aujourd'hui les aéronautes, c'est à faire des ascensions de *distance*. Ils partent donc, en général, quand le vent, sans souffler avec trop de violence, a cependant une certaine vitesse.

Cette vitesse du vent fait que, au départ, le ballon ne s'enlève pas verticalement, mais obliquement, suivant une direction qui est parallèle à la *résultante* de la vitesse du vent et de la vitesse ascensionnelle. Celle-ci augmentant, la courbe décrite par le ballon se relève rapidement au début de l'ascension ; mais, au départ, il faut tenir compte de l'inclinaison de la trajectoire et s'assurer que le sol est libre sous la nacelle, afin que celle-ci n'aille pas donner dans des arbres ou démolir les cheminées des maisons voisines, comme cela s'est déjà vu.

Ces précautions prises, et une fois franchis les obstacles qui forment l'entourage immédiat du lieu de gonflement, le ballon est « en route ». Nous allons voir, maintenant, comment il se comporte dans les airs et comment il faut conduire l'ascension.

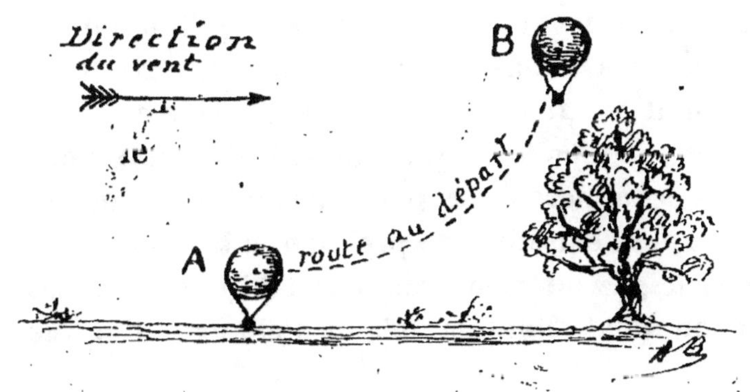

CHAPITRE VIII

LA MARCHE D'UNE ASCENSION LIBRE

La zone d'équilibre. — Voilà donc notre ballon qui, libéré de ses dernières attaches avec le sol, s'élève sous l'action de sa force ascensionnelle. Comment va-t-il se comporter dans l'élément aérien ? C'est ici le lieu de nous rappeler les propriétés générales de l'atmosphère que nous avons indiquées dans un chapitre antérieur.

Tout d'abord, nous allons supposer que le ballon était entièrement gonflé au départ.

Dans ces conditions, souvenons-nous que la pression atmosphérique diminue à mesure que l'on s'élève dans l'atmosphère et que la densité des couches d'air va aussi en décroissant avec l'altitude. Le ballon va donc s'élever et, à mesure qu'il montera, le gaz intérieur, dont la pression initiale était celle qui régnait au niveau du sol, va se trouver avoir une pression plus forte que celle de l'air ambiant : ce gaz s'échappera donc partiellement par l'orifice inférieur, et l'équilibre de pression entre l'air extérieur et le gaz intérieur tend à s'établir. La poussée du ballon, dont le volume n'a pas changé, diminue d'ailleurs, puisque, d'après Archimède, cette poussée est égale au poids de l'air déplacé et que cet air est de moins en moins dense à mesure que l'on s'élève.

Donc, la force ascensionnelle du ballon, supposé plein au départ, va en décroissant à mesure qu'il monte; à un moment donné, cette force ascensionnelle finira par devenir nulle et le ballon s'arrêtera, en état de flottaison immobile dans le sens de la hauteur.

On appelle *zone d'équilibre* la hauteur critique à laquelle il doit ainsi s'arrêter.

On a calculé quelle serait la hauteur de la zone d'équilibre pour ce que nous avons appelé le *ballon type* (ballon militaire) de 10 mètres de diamètre et de 520 mètres cubes de capacité. Si nous supposons qu'on ait donné à un tel ballon, au départ, une force ascensionnelle de 10 kilogrammes, on trouve par le calcul que la zone d'équilibre, atteinte *sans jeter de lest*, sera à une hauteur de 127 mètres. Si l'on veut dépasser cette altitude, il faut jeter du lest, et, si l'on a jeté en tout 40 kilogrammes de ce lest, le ballon atteindra finalement une zone d'équilibre située à une hauteur de 575 mètres.

Mais il faut remarquer que ces calculs sont faits en supposant que l'aérostat part d'une localité située au niveau de la mer ou à peu près. Si l'altitude du lieu de départ est déjà considérable, pour une même projection de lest, le ballon s'élèvera plus haut audessus de son point de lancement. Cela tient à ce que, à mesure qu'on s'élève dans l'air, la densité de celui-ci diminue moins vite que l'altitude (Voir la table des hauteurs par le baromètre). On a ainsi calculé que, si notre ballon-type de tout à l'heure partait, non plus du niveau de la mer, mais d'un lieu situé à une hauteur de 800 mètres, et qu'il fît une projection totale de lest de 40 kilogrammes, il atteindrait sa zone d'équilibre à une altitude de 650 mètres au-dessus de celle du point de départ.

Une fois cette zone d'équilibre atteinte, le ballon resterait indéfiniment à cette hauteur s'il ne perdait pas de gaz par diffusion à travers l'enveloppe, si la température restait rigoureusement la même, si l'intensité calorifique des rayons du soleil ne changeait pas, si aucune cause de refroidissement ne venait affecter l'aérostat, si aucune surcharge ne venait à l'alourdir.

Malheureusement aucune de ces conditions n'est jamais entièrement réalisée, encore moins sont-elles réunies ensemble. Aussi allons-nous voir maintenant les effets que ces diverses causes peuvent avoir sur notre flotteur aérien.

Causes d'oscillations verticales. — 1° *La perte de gaz.* — Dans une ascension de courte durée, on peut négliger cette cause, surtout avec un ballon neuf, car, pour une enveloppe de bonne qualité et en bon état, la déperdition ne dépasse pas 1 1/2 p. 100 par journée de 24 heures ; cela ferait, pour le ballon-type de 520 mètres cubes, environ 8 mètres cubes d'hydrogène, soit à peu près 8 kilogrammes de force ascensionnelle.

2° *Le coup de soleil.* — Quand le soleil, après avoir été longtemps caché, vient à envoyer subitement ses rayons sur l'aérostat, il se produit une augmentation brusque de force ascensionnelle, exactement comme si l'on jetait du lest.

En effet, les gaz absorbent peu la chaleur. Donc, l'atmosphère ambiante sera peu échauffée au début d'un coup de soleil. Au contraire, l'étoffe du ballon, qui est un corps solide, absorbe une quantité notable de chaleur et la communique au gaz qu'elle contient. Celui-ci se dilate, une partie s'échappe par la manche d'appendice et, la densité de celui qui reste dans l'enveloppe ayant diminué par suite de sa dilatation, la force ascensionnelle augmente. Si donc on ne veut pas s'élever, il faut ouvrir la soupape et laisser échapper une certaine quantité de gaz.

3° *Les surcharges accidentelles.* — La pluie ou la neige qui survient à un moment donné de l'ascension peut alourdir le ballon d'une façon fort appréciable. Un refroidissement subit (disparition du soleil derrière un nuage, passage au-dessus d'une forêt, etc.) amène sur l'enveloppe, qu'il refroidit, une condensation de vapeur d'eau qui constitue, elle aussi, une surcharge.

Or, dans le cas d'un ballon en équilibre, flottant à hauteur constante dans la zone d'équilibre, toute surcharge, si elle n'est pas compensée par une évacuation de lest, provoque une descente qui tend à s'accélérer, et ce mouvement de descente ne s'arrête qu'à terre.

On voit donc que toutes les surcharges accidentelles amènent l'aéronaute à sacrifier petit à petit son lest. Quant aux coups de soleil, ils l'amènent à sacrifier un peu de son gaz.

Particularités de la descente. — Ballon flasque. — Nous avons supposé que le ballon atteignait sa *zone d'équilibre* avec une vitesse pratiquement nulle : en réalité, il n'en est rien. Le ballon, en vertu de sa vitesse préalablement acquise, dépasse cette zone d'équilibre d'une certaine quantité et peut atteindre la région où, par suite de la diminution croissante de la densité de l'atmosphère, il est plus lourd que le poids de l'air qu'il déplace. Il est alors soumis à une force retardatrice qui l'arrête ; mais, avant de s'arrêter, il a navigué quelque temps dans une région où l'air a une densité encore plus faible que celle de l'air de la zone d'équilibre. Le gaz intérieur s'est donc dilaté encore, et une partie de ce gaz s'est échappée de nouveau par la manche d'appendice.

De sorte que, lorsque l'aérostat repasse, en descendant par la zone d'équilibre, il n'a plus la même quantité de gaz que celle qu'il avait quand cet équilibre momentané s'était établi. Tout se passe donc comme si on avait lâché un peu de gaz en donnant un *coup de soupape*, et le ballon va se mettre à descendre.

Mais alors le gaz, dont une partie s'est échappée, tant par l'appendice que par les soupapes, n'est plus en quantité suffisante pour remplir l'enveloppe, et celle-ci devient *flasque*. Le poids total de l'aérostat demeure constant, et le mouvement de descente s'accélérant irait avec une vitesse qui augmenterait jusqu'à terre.

C'est pour éviter cette chute accélérée que l'on réserve toujours du lest pour la descente ; ce lest ne sert plus à s'élever : il ne sert qu'à diminuer la vitesse de chute.

Il est à remarquer que la sensibilité « statique » des aérostats est énorme. La projection d'un poids très faible par-dessus le bord suffit à déterminer un mouvement ascensionnel très net : on observe cela, par exemple, en jetant par-dessus le bord une boîte de conserves vide.

Conduite de l'ascension. — Observation des instruments. — On voit, d'après tout cela, combien doit être tenue en éveil l'attention du pilote d'un aérostat.

Le but vers lequel il doit tendre, s'il veut faire un voyage de durée, est de maintenir son ballon sensiblement à la même hauteur, en sacrifiant le moins de lest, et, surtout, le moins de gaz posssible. Il ne faut dépenser le lest que par petites quantités, de façon à ne pas faire de sauts ni de plongeons par trop brusques, mais à décrire une trajectoire aérienne à sinuosités douces et non heurtées.

L'aéronaute doit toujours avoir l'œil sur ses instruments, non seulement sur le baromètre, mais encore sur le thermomètre et sur l'hygromètre. Supposons, en effet, qu'il soit dans la région des nuages, dont il ignore l'épaisseur ; s'il voit la température s'abaisser, la condensation se faire, il doit regagner la région du soleil pour soulager son aérostat et recevoir un coup

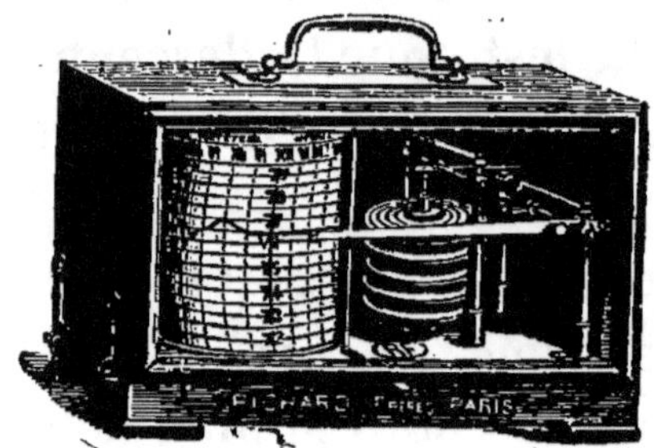

Baromètre enregistreur.

de soleil ; si, au contraire, celui-ci est par trop vif, il se peut que le pilote ait intérêt à regagner la région nuageuse placée au-dessous de lui.

Le baromètre indique admirablement les grands mouvements d'ascension et de descente ; il est utile de jeter de temps en temps par-dessus le bord des feuilles de papier à cigarettes : quand ces feuilles, tenues à peu près en place par la résistance de l'air, semblent monter, c'est que le ballon descend. Il monte, au contraire, si les feuilles paraissent tomber vers la terre.

En résumé, la durée d'une ascension dépend de la provision de lest que l'on a pu emporter et de la prudence avec laquelle on l'a dépensée.

Pour donner une idée de l'importance des causes

accidentelles sur la consommation du lest, nous allons prendre un exemple frappant : celui du ballon *Lebaudy*, ballon dirigeable il est vrai, mais dont les conditions générales de flottabilité et d'équilibre sont sensiblement les mêmes que s'il était sans moteur.

Le *Lebaudy* a une capacité de 3.000 mètres cubes et emporte à son ascension environ 600 kilogrammes de lest à bord.

Par un ciel uni, soit découvert avec soleil persistant, soit nébuleux uniformément et sans soleil visible, pour rester à la même hauteur, le ballon dépense, par heure, environ 30 kilogrammes de lest et 30 mètres cubes de gaz. L'atterrissage lui en coûte à peu près autant. Vient-il à recevoir de la pluie ? il faut sacrifier près de 100 kilogrammes de lest. Au-dessus d'une surface froide, forêt ou lac, il faut, suivant les cas, jeter par-dessus le bord de 30 à 100 kilogrammes ; s'agit-il de surmonter un obstacle (chaîne de montagnes) ou d'éviter les projectiles ennemis en s'élevant à 1.000 mètres de hauteur ? cette petite excursion en hauteur exige l'abandon de 250 kilogrammes de la provision de sable. Si, au lieu de naviguer dans un ciel uniforme, on navigue dans un ciel où le soleil, tantôt brille entre les nuages, tantôt est caché par eux, au lieu de 30 kilogrammes de lest à l'heure, on en dépense de 100 à 120, et ainsi de suite.

On voit donc l'intérêt qu'il y aurait à pouvoir emporter du lest qui fût une provision de gaz ou qui fût formé de matières propres, comme l'hydrolithe, à en fabriquer. Dans une conférence faite il y a déjà plusieurs années à l'Aéro-Club de Bruxelles, en juin 1903, j'avais, dans un projet conçu avec Louis

(Cl. du Journal.)

Le *Lebaudy* contournant la tour Eiffel.

Capazza et l'illustre géographe Elisée Reclus, préconisé ce moyen. L'hydrolithe, alors, était inconnu, mais nous avions pensé au sodium qui décompose l'eau à froid en produisant de l'hydrogène pur.

C'est dans cette voie que l'on pourra peut-être faire faire à l'aéronautique de très importants progrès.

L'atterrissage. — On appelle ainsi l'ensemble de manœuvres nécessaires au retour du ballon à la surface du sol.

Cet atterrissage est tantôt volontaire, tantôt involontaire, par suite d'un accident quelconque.

L'opération de l'atterrissage est toujours délicate ; elle exige de la part de l'aéronaute le maximum d'expérience, de prudence, de sang-froid et de décision tout ensemble.

Quand on fait une ascension dite « de durée », au cours de laquelle on se propose de rester en l'air le plus longtemps possible, il est certain que, poussé par l'ambition de battre les records de distance, l'aéronaute, à condition qu'il soit pourvu de vivres, retarderait indéfiniment le moment de la descente, si des circonstances ne le contraignaient à regagner le « plancher des moutons ». Ces circonstances — ou plutôt *celle* circonstance, — c'est le manque de lest.

Quand le voyageur aérien constate que sa réserve de sacs de sable touche à sa fin et qu'il ne lui en reste plus que juste ce qui lui sera nécessaire pour atterrir, alors il se prépare à la descente. Il arrime soigneusement à l'abri des chocs violents ses instruments délicats ou fragiles et il ouvre la soupape par tout petits coups, pour provoquer l'action descensionnelle, si la descente ne se fait pas assez vite naturellement.

Il a eu soin de dérouler le guiderope et la corde de l'ancre. Si le vent n'est pas excessif, on cherche un endroit découvert, pré ou plaine, et l'on descend en ralentissant, par des projections de lest sagement graduées, sa vitesse jusqu'à la valeur qu'on estime nécessaire à un contact inoffensif avec le sol.

Quand on est à 50 ou 60 mètres du sol, le guide-rope a déjà fait son office depuis longtemps, en ralentissant la descente du ballon qui se trouve délesté de tout le poids de la partie du câble qui traîne à terre. A 15 ou 20 mètres du sol, on laisse tomber l'ancre, et, si le guiderope, en s'accrochant autour de quelque obstacle, n'a pas déjà arrêté le ballon, l'ancre, en mordant le sol, fait une résistance suffisante pour enrayer le mouvement horizontal de l'aérostat.

Si celui-ci a son équateur muni de *cordes de manœuvre* tombant plus bas que la nacelle, c'est un moyen très commode d'atterrissage par beau temps et si l'on descend dans un endroit où se trouve des habitants qui ne soient pas trop effrayés à la vue du ballon ; car, si extraordinaire que cela semble en notre XXe siècle, il n'est pas besoin d'aller chez les nègres pour voir des indigènes se sauver à la vue d'un aérostat. Cela se voit encore en Europe.

Dans les cas où l'on a affaire à des indigènes intelligents et complaisants, l'atterrissage, par beau temps, est rendu très simple à l'aide des cordes de manœuvre. Dans ce cas, 7 ou 8 hommes en saisiront chacun une et haleront dessus. C'est alors que les aéronautes ne doivent pas quitter leur nacelle prématurément ; ils s'exposeraient à faire enlever quelques-uns de leurs aides bénévoles ! Cela s'est vu.

Aussitôt que la nacelle a touché terre, il faut, avant

d'en descendre, ouvrir la soupape et laisser sortir assez de gaz pour diminuer lá force ascensionnelle au point de rendre le ballon incapable de soulever la nacelle seule. Cela fait, on descend à terre, on ouvre en grand la soupape et, si l'on est pressé, la bande de déchirure ; on dégonfle ainsi le ballon *en ayant grand soin de n'approcher de l'ouverture aucune flamme ou aucun corps incandescent*, sous peine des accidents les plus graves ; on replie ensuite l'enveloppe qui s'emballe naturellement dans la nacelle.

Ce qu'il faut à tout prix éviter, c'est le *traînage* qui se produit quand l'ancre ne mord pas. Neuf fois sur dix, le traînage provient d'une manœuvre mal faite ou d'un mauvais fonctionnement de la soupape.

Quant à l'atterrissage par grand vent, il est dangereux ; une forêt est ce qu'il y a de mieux dans ce cas ; encore ne s'en tire-t-on, à défaut de blessures graves, qu'avec des vêtements en lambeaux et des morceaux d'épiderme largement emportés ! Inutile de dire qu'alors l'enveloppe est mise en pièces par les branches.

Prix d'une ascension. — Ce n'est pas tout d'avoir un ballon à soi : il faut encore connaître les frais qu'entraîne sa mise en usage, autrement dit le prix d'une ascension. Ce prix est très variable suivant qu'on gonfle à l'hydrogène ou au gaz, qu'on habite Paris ou une autre ville, suivant les dégâts plus ou moins importants que le ballon, à sa descente, cause dans les cultures. Le règlement de ces dégâts est, d'ailleurs.

déterminé très méticuleusement dans un tarif que l'Aéro-Club de France a fait imprimer et distribuer à ses membres. On peut dire, en général, qu'avec un petit ballon-type de 500 mètres cubes il est possible de faire une ascension pour le prix moyen de

(Cl. du *Journal*.)

Pendant la manœuvre (aux Tuileries).

200 francs, ce prix comprenant le gonflement, le prix du gaz et la main-d'œuvre au départ. Quant au prix de retour par chemin de fer, il dépend de la distance entre le point d'atterrissage et le point de départ.

Magasinage du ballon. — Dès que le ballon a réintégré son local d'abri, il faut le visiter avec soin, après l'avoir gonflé avec de l'air. On peut aussi voir s'il s'est produit des trous, et, dans ce cas, les boucher avec de petits ronds d'étoffe collée à la colle de caoutchouc, comme on répare les trous des chambres à air des bicyclettes. Du même coup le ballon se trouve aéré, « ventilé », comme disent les professionnels, ce qui évite les fantaisistes réactions du vernis sur l'étoffe. Il est bon de renouveler cette opération de temps à autre. Après cela, on replie soigneusement l'enveloppe de l'aérostat jusqu'à un nouveau départ.

Nous venons de voir de quelle manière on construisait un ballon, comment on pouvait le gonfler, le lancer, le conduire, le faire monter ou descendre à la volonté de l'aéronaute.

Mais, dans tout cela, nous avons supposé l'atmosphère tranquille, nous avons fait abstraction de ses mouvements et nous plaçant dans le cas, théorique, où il n'y avait pas de *vent*. Or, ces vents, le ballon en est le jouet, s'il est libre ; il a à lutter contre eux s'il a l'ambition de se diriger et de se mouvoir à l'aide d'un propulseur mécanique.

Il est temps de chercher à connaître, au moins dans leurs grandes lignes, les lois des mouvements atmosphériques. Nous allons donc faire une petite excursion dans le domaine de la météorologie.

CHAPITRE IX

UN PEU DE MÉTÉOROLOGIE

Rose des vents.— Qu'est-ce que le *vent* ? On appelle
vent tout mouvement de l'atmosphère : ces mouvements se propagent à peu près horizontalement, mais
leur direction est très variable, au moins dans nos
climats.

On indique la direction du vent par le point de l'horizon *d'où il vient*. Ainsi, vent du Sud-Ouest signifie
un courant atmosphérique venant d'un point situé
au Sud-Ouest.

Les marins ont partagé la circonférence en trente-
deux parties appelées *rhumbs* de vent. Une circonférence ainsi divisée s'appelle la *Rose des vents*.

Les points essentiels sont les points cardinaux,
Nord, Sud, Est, Ouest, et ceux qui sont situés sur
les bissectrices : Nord-Est, Nord-Ouest, Sud-Est, Sud-
Ouest ; on a ainsi huit angles principaux de 45 degrés
chacun, et, dans la rose des vents, chacun de ces
angles est divisé en quatre *rhumbs*. On comprend
dès lors, pourquoi, dans le langage des marins les
rhumbs s'appellent également des *quarts*.

Voici le tableau complet des trente-deux rhumbs
du vent et leurs notations :

N. NORD	S. SUD
N. 1/4 N.-E. Nord 1/4 Nord-Est.	S. 1/4 S.-O. Sud 1/4 Sud-Ouest.
N.-N.-E. Nord-Nord-Est.	S.-S.-O. Sud-Sud-Ouest.
N.-E. 1/4 N. Nord-Est 1/4 Nord.	S.-O. 1/4 Sud-Ouest 1/4 Sud.

N.-E. NORD-EST	S.-O. SUD-OUEST
N.-E. 1/4 Nord-Est 1/4 Est.	S.-O. 1/4 O. Sud-Ouest 1/4 Ouest.
E.-N.-E. Est-Nord-Est.	O.-S.-O. Ouest-Sud-Ouest.
E. 1/4 N.-E. Est 1/4 Nord-Est.	O. 1/4 S.-O. Ouest 1/4 Sud-Ouest.

E. EST	O. OUEST
E. 1/4 S.-E. Est 1/4 Sud-Est.	O. 1/4 N.-O. Ouest 1/4 Nord-Ouest
E.-S.-E. Est-Sud-Est.	O.-N.-O. Ouest-Nord-Ouest.
S.-E. 1/4 E. Sud-Est 1/4 Est.	N.-O. 1/4 O. Nord-Ouest 1/4 Ouest.

S.-E. SUD-EST	N.-O. NORD-OUEST
S.-E. 1/4 S. Sud-Est 1/4 Sud.	N.-O. 1/4 N. Nord-Ouest 1/4 Nord.
S.-S.-E. Sud-Sud-Est.	N.-N.-O. Nord-Nord-Ouest.
S. 1/4 S.-E. Sud 1/4 Sud-Est.	N. 1/4 N.-O. Nord 1/4 Nord-Ouest.

Une rose des vents est toujours, à bord de tous les navires, collée sur l'aiguille de la boussole ; elle tourne avec elle et doit être bien en vue de l'homme de barre.

A terre on détermine la direction des vents au moyen de *girouettes*, qui sont des instruments trop connus pour qu'il soit nécessaire d'en donner une description quelconque.

En mer, la direction du vent est plus difficile à déterminer à première vue, à cause du déplacement du navire, mais l'expérience des marins fait qu'ils l'indiquent toujours sans se tromper. A bord d'un aéros-

(Cl. L. Rudaux.)

Mer de nuages (Vue prise en ballon).

tat, qui se déplace dans une direction qui est précisément celle du vent, on ne peut connaître cette direction qu'en comparant l'orientation de l'aiguille de la boussole avec le sens dans lequel semblent fuir les objets terrestres.

Le vent étant un déplacement relatif de l'air et de l'observation, il faut remarquer qu'en ballon dirigeable ou en aéroplane par temps calme, on a cependant la sensation d'un vent ayant une vitesse égale, et contraire à celle du navire aérien. Si le vent souffle dans le sens de la marche et avec la même vitesse que l'aérostat, c'est-à-dire si l'on navigue *vent arrière*, on ne sent aucun vent, tandis que, si le vent souffle en sens inverse de la marche, si l'on est *vent debout*, comme disent les marins, on a la sensation d'un vent beaucoup plus fort, qui aurait une vitesse égale à la somme de sa vitesse propre et de celle du ballon. Autre conséquence : en ballon libre, on n'a pas la sensation du vent ; le ballon peut, en effet, être assimilé à une grosse molécule gazeuse faisant partie de la masse atmosphérique qui l'entoure, et par rapport à laquelle elle n'a pas de mouvements *relatifs*.

Force du vent. — La force du vent peut s'évaluer de deux manières : soit par la *pression* qu'il exerce sur une surface déterminée, soit par la *vitesse* qu'il possède. La vitesse du vent s'évalue en mètres par seconde, sa pression s'évalue en kilogrammes par mètre carré.

La pression du vent est proportionnelle au carré de sa vitesse. Telle est la relation qui relie l'une à l'autre les caractéristiques mécaniques du vent.

Les marins ont déterminé expérimentalement les pressions exercées par des vents de vitesses déterminées sur une surface d'un mètre carré. Le tableau suivant résume ces expériences :

VITESSE DU VENT en mètres par seconde.	VITESSE DU VENT en kilomètres à l'heure.	PRESSION EN KILOG. sur un mètre carré.
1 mètre.	$3^{kil},600$	$0^{kils},125$
2 mètres.	7 — 200	0 — 500
3 —	10 — 800	1 — 125
4 —	14 — 400	2 — 000
5 —	18 — 000	3 — 125
10 —	36 — 000	12 — 500
20 —	72 — 000	50 — 000
40 —	144 — 000	200 — 000

Cette dernière vitesse a été parfois observée, et même dépassée dans les cyclones : on voit qu'aucune enveloppe ne saurait résister à un pareil effort. Il est inutile d'ajouter qu'avec des vents des deux dernières catégories, l'atterrissage d'un ballon libre présente des dangers terribles. Quant aux *dirigeables*, ils n'ont pas encore pu lutter contre le vent de 20 mètres à la seconde.

Echelle de Beaufort. — Les navigateurs ont classifié les vents suivant douze degrés d'une échelle due à Beaufort. Dans les observations terrestres, on classe les vents suivant les six degrés d'une échelle appelée échelle météorologique, car les météorologistes d'observatoire, moins experts que les marins, ne sauraient, en effet, à la simple estime apprécier à 1/12 près la vitesse du vent, qui d'ailleurs souffle toujours plus régulièrement sur mer que sur terre.

Le tableau suivant donne la comparaison des deux échelles avec la désignation respective des termes correspondants en langage terrestre et maritime, et la vitesse correspondante en mètres par seconde :

ÉCHELLE météorologique.	ÉCHELLE de Beaufort.	VITESSE en mètres par seconde.
0 calme.	0 calme	0-1
1 faible.	1 presque calme	1-2
	2 légère brise	2-4
2 modéré. . . .	3 petite brise	4-6
	4 jolie brise	6-8
3 assez fort. . .	5 bonne brise	8-10
	6 frais	10-12
4 fort.	7 grand frais	12-14
	8 petit coup de vent	14-16
5 violent	9 coup de vent	16-20
	10 fort coup de vent	20-25
6 ouragan . . .	11 tempête	25-30
	12 ouragan	30 et au-dessus.

Causes génératrices des vents. — Toutes les fois que, dans le sein d'une masse de gaz, il se fait, à un endroit donné, un abaissement de pression, les masses de gaz voisines tendent à se précipiter vers le point où la pression est la plus faible, afin de rétablir l'équilibre : c'est une conséquence de la loi du mélange des gaz.

Or l'une des causes principales susceptibles de produire une diminution locale de pression est l'échauffement d'une partie de la masse gazeuse. Dans la portion de gaz échauffée, la densité diminue : cette masse tendra donc à s'élever et, en s'élevant, produira la diminution de pression qui entraînera, comme conséquence, le mouvement des masses voisines venant rétablir la pression initiale.

Il est parfaitement évident que, si tous les points de la terre étaient à la même température, il n'y aurait aucune raison pour qu'il y eût des mouvements dans l'atmosphère : le vent n'existerait donc pas.

Mais les régions équatoriales sont plus chaudes que les régions tempérées et polaires ; donc il doit y avoir des vents permanents, des mouvements continus de l'atmosphère.

Lignes isobares. — **Cartes météorologiques**. — On a cherché à donner une représentation graphique — et même géographique — de l'origine des vents ; on y est arrivé par l'emploi des « lignes isobares ».

Supposons qu'on marque, sur une carte géographique, les points de la terre où la pression barométrique, *au même moment,* a la même valeur, 765 millimètres par exemple : si l'on réunit tous ces points par une ligne, cette ligne, toujours courbe, s'appelle la *ligne isobare*, ou plus simplement l'*isobare* de 765 millimètres. Si l'on trace ainsi les isobares correspondant aux diverses valeurs, croissantes ou décroissantes, de la pression atmosphérique, on constate que les isobares correspondantes sont souvent des lignes courbes *fermées*, et les régions qui se trouvent au centre de ces lignes fermées sont caractérisées par le fait qu'elles sont le siège, ou de pressions minima ou de pressions maxima.

Quand, au centre commun d'une série d'isobares fermées et à peu près concentriques, se trouvent des pressions *plus basses* qu'à la circonférence, ce centre s'appelle un *centre de basses pressions*, un centre cyclonique, ou, plus brièvement, une *dépression*.

Une dépression est, généralement, le siège de perturbations atmosphériques et annonce le mauvais temps.

Au contraire, le centre des isobares concentriques est-il le siège de *pressions maxima ?* On l'appelle alors centre *anticyclonique* ; sa présence, sur une région donnée, est généralement le signe du beau temps.

Quand on a les cartes barométriques d'une contrée pendant plusieurs jours de suite, on peut comparer ces cartes entre elles, et, si l'on constate qu'une *dépression* semble se mouvoir dans une direction donnée, cela veut dire que, d'un jour au suivant, la dépression se déplace sur la région indiquée (l'Europe centrale, par exemple). Il y a donc, dans ce cas, probabilité pour que, dans le prolongement de la trajectoire du centre de basses pressions, les diverses localités soient atteintes par de mauvais temps.

Quant aux vents locaux, on peut être certain que,

7

quand une dépression est caractérisée par une valeur très basse de la pression barométrique au centre, toujours les vents tournent autour de ce centre (dans l'hémisphère nord) en sens inverse des aiguilles d'une montre, et de façon à gagner le centre dans leur mouvement giratoire : c'est le « mouvement cyclonique ». Ce serait le contraire dans l'hémisphère sud.

M. L. Cailletet,
Membre de l'Institut,
Président de l'Aéro-Club de France.

C'est sur ces observations que sont basées, non les « prédictions » qu'il faut réserver aux farceurs, mais les « prévisions » scientifiquement fournies par les observations météorologiques.

Le lecteur curieux de plus de détails sur la météorologie générale pourra, après avoir parcouru les pages qui suivent, lire les ouvrages de météorologie plus étendus qui traitent spécialement de cette branche de la « physique du globe ».

Déviation des vents par le mouvement de la terre. — C'est ici le lieu de rappeler un principe de mécanique dont nous aurons à nous servir souvent dans la suite de ces pages :

Tout corps en mouvement dans l'hémisphère nord est dévié, par suite de la rotation de la terre, vers la droite de son mouvement ; la déviation est à gauche dans l'hémisphère sud.

Le mouvement des molécules qui constitue le vent n'échappe pas à cette loi générale. Nous verrons donc le vent dans l'hémisphère nord, après avoir commencé par souffler dans le sens de la direction où l'appellent, au départ, les basses pressions, dévié progressivement vers la droite de cette direction. Nous allons en voir immédiatement des applications de la plus haute importance.

Explication des vents généraux. — Vents alizés. — Dans les régions de la terre voisines de l'Équateur, les rayons solaires, à midi, tombent presque perpendiculairement. Ces régions recevront donc du soleil une quantité de chaleur considérable. Les physiciens ont mesuré cette chaleur à l'aide d'un instrument qu'on appelle un *actinomètre* ; ils l'ont mesurée pour beaucoup de points de la zone équatoriale et voici à quels résultats ils sont arrivés :

L'équateur terrestre reçoit du soleil, pendant un an, une quantité de chaleur susceptible de vaporiser une couche d'eau de 4 mètres d'épaisseur. Or les météorologistes ont déterminé par l'observation, la quantité moyenne de pluie qui tombe sur l'équateur ; elle est de 2 mètres environ. Si nous comparons la quantité d'eau tombant sur l'équateur, — en supposant même que toute cette eau reste à la surface, qu'aucune partie n'ait été infiltrée dans le sol, ce qui n'est pas exact, — et la quantité de chaleur qui y arrive, nous remarquons qu'il reste un surcroît de chaleur capable de vaporiser une seconde couche d'eau de 2 mètres.

Que va faire cette quantité supplémentaire de chaleur après avoir volatilisé la quantité de pluie qui tombe sur l'équateur? Elle va chauffer le sol et les eaux, de sorte que l'atmosphère terrestre de ces régions équatoriales va s'échauffer par le bas. Il en résultera que les couches inférieures plus chaudes auront une densité moindre et vont s'élever dans l'atmosphère en vertu du principe d'Archimède comme s'élève une montgolfière, car c'est à l'aide de l'air chaud qu'on a fait s'élever les premiers ballons.

Ces masses d'air vont donc s'élever à des hauteurs très considérables et de ce fait l'atmosphère sera raréfiée à la place qu'elles occupaient; il en résultera une diminution de la pression barométrique à l'équateur et les masses d'air voisines tendront à se précipiter vers l'équateur pour combler la diminution de pression et rétablir l'équilibre indispensable de l'atmosphère.

Il se produirait donc, si la terre ne tournait pas, un mouvement des masses d'air venant des pôles et arrivant à l'équateur ; l'air venant des régions froides et tempérées se précipiterait vers les régions chaudes : il y aurait des vents du nord qui descendraient le long des méridiens et arriveraient à l'équateur perpendiculairement.

Mais en réalité la terre tourne et ici se place l'application fondamentale du principe de mécanique que nous avons énoncé plus haut : toutes les fois qu'un corps se meut à la surface de la terre, il décrit une certaine courbe ; du fait de la rotation de la terre, ce corps est dévié *vers la droite* de la trajectoire qu'il décrit, s'il est *dans l'hémisphère nord ; vers sa gauche, s'il est dans l'hémisphère sud.* C'est là le principe fondamental sur lequel repose toute la météorologie.

Ainsi une molécule d'air, une molécule d'eau en mouvement à la surface de la mer se trouveront, du fait de la rotation de la terre, déviées vers leur droite dans l'hémisphère nord et vers leur gauche dans l'hémisphère sud. Par conséquent, au lieu d'avoir des vents du nord et des vents du sud, nous aurons de part et d'autre de l'équateur des vents *nord-est* et des vents *sud-est.* Ces vents s'appellent les vents *alizés* ; alizé est un dérivé du vieux mot français *alis* qui signifie doux, agréable : les *aliscamps* d'Arles.

Ce sont ces vents qui avaient tant effrayé les matelots de Christophe Colomb, qui, partis sur un océan où nul avant eux ne s'était risqué, se trouvèrent toujours portés, vent arrière, par des brises qui les éloignaient sans cesse de l'Espagne, et, les poussant dans une direction qui semblait invariable, paraissaient devoir s'opposer pour jamais à leur retour dans leur patrie.

C'est à cause de ces vents alizés que l'Amérique n'a pas été découverte par les Anglais. Ces alizés ne commencent à se faire sentir qu'au sud du Portugal, et ils ne soufflent pas sur les côtes de la Grande-Bretagne. Comme, à cette époque, les Anglais s'embarquaient chez eux et pas encore à Gibraltar, ils ne se sont pas trouvés exposés à des vents toujours persistants, capables de les conduire en Amérique, dans le golfe du Mexique.

Les contre-alizés. — La diminution de pression à l'équateur et la production des vents alizés sont les premières conséquences de la quantité de chaleur que reçoit la zone équatoriale. Les masses d'air s'élèvent perpendiculairement au-dessus de la terre et, comme il faut bien qu'elles retournent quelque part, elles vont, par l'intermédiaire des hautes régions de l'atmosphère, rejoindre près des pôles la surface de la terre et remplacer l'air de ces contrées froides qui est venu vers l'équateur, fermant ainsi ce circuit continu de l'air qui assure l'équilibre dynamique de l'atmosphère.

A quelle hauteur se trouvent ces vents qu'on appelle les *contre-alizés* parce qu'ils s'acheminent en sens inverse des alizés ? C'est ce que S. A. R. le prince de Monaco a cherché à élucider dans ses deux dernières campagnes, précisément avec l'aide d'ascensions de ballons libres, emmenant dans les airs des appareils enregistreurs, et dont nous expliquons plus loin la construction et le fonctionnement. Dans le voisinage des tropiques ils sont parvenus à des hauteurs qui dépassent 14.000 mètres, car les ballons-sondes envoyés à ces hauteurs n'ont pas accusé la direction du contre-alizé. Mais ce contre-alizé existe, il faut qu'il soit quelque part ; cependant jusqu'à 14.000 mètres on ne l'a pas trouvé ; les anciennes observations qui disaient l'avoir trouvé au sommet du pic de Ténériffe, qui n'a que 3.700 mètres, ne sont donc acceptables que sous réserve d'une explication différente, que l'on trouve aisément en faisant intervenir l'échauffement continental de la terre africaine, dont l'archipel des Canaries est très voisin.

Ces contre-alizés vont donc revenir aux pôles ; il doit y avoir autour de ceux-ci une pression barométrique très basse parce qu'il y a une force centrifuge ; on est très près de l'axe de rotation de la terre.

Un mathématicien américain, Ferrel, a même démontré que, s'il n'y avait pas de frottement, il ne pourrait pas exister d'air au voisinage des pôles ; on voit donc que le frottement, la résistance si maudite des mécaniciens, a ici un effet bienfaisant, puisque sans cela, à certains endroits, la vie ne serait plus possible.

La force centrifuge diminue la proportion d'air retenue aux pôles par le frottement et il doit y exister une pression plus basse ; nous pouvons tirer de là la conclusion suivante : Il y a à l'équateur une basse pression, aux pôles une basse pression. Comme tous les phénomènes de la nature sont continus, il faut forcément qu'entre ces régions de basses pressions il y ait une région de pressions plus hautes. Le calcul et l'observation montrent que le maximum de pression barométrique se trouve à la latitude de 30 degrés, c'est-à-dire dans l'Atlantique nord, dans la région des Açores, dans le Pacifique nord, aux îles Sandwich, et enfin dans les trois océans du Sud, dans le Pacifique sud, l'Atlantique sud et l'océan Indien en trois points à 30 degrés de latitude australe. Ces centres de haute pression ont reçu un nom : on les appelle *anticyclones,* non pas pour désigner qu'ils sont les ennemis des cyclones — ce que pourrait faire prévoir le mot « anti » — mais pour marquer que le régime des vents autour de ces régions est de mouvement contraire à celui observé autour de ces régions à cyclones.

Origine des courants marins. — Cela étant posé, il est facile de voir ce qui va se produire. Les vents alizés soufflent de part et d'autre de l'équateur de façon à peu près symétrique ; l'effet d'un vent temporaire sur les eaux de la mer est de leur imprimer un mouvement ondulatoire de houle ou de vagues. Mais, quand ce vent souffle d'une façon persistante, non seulement pendant toute une saison, mais pendant toute l'année et pendant toutes les années consécutives, il en résulte un régime de translation provenant du frottement que les molécules de l'air exercent sur les molécules d'eau. A la longue, les molécules d'eau vont suivre la direction des vents et le résultat sera un courant dirigé de l'est vers l'ouest, c'est-à-dire de la côte d'Afrique vers la côte d'Amérique. On le comprendra plus facilement encore si l'on suit, sur un atlas, les détails géographiques de cette démonstration.

Le « Gulf Stream ». — Ainsi, nous devons avoir, du fait des vents alizés nord et sud, un mouvement des eaux dirigé de l'est à l'ouest, c'est-à-dire de la côte d'Afrique vers les côtes d'Amérique. Ce courant s'appelle *courant équatorial*. Il est dévié vers sa droite par la rotation de la terre, car aucun corps en mouvement ne peut échapper aux lois de la mécanique. Dès qu'il a pris naissance, ce courant commence à s'élever un peu et à marcher vers sa droite. Arrivé en face de la côte du Brésil, devant le cap Saint-Roch, il a déjà pris un peu de direction ascendante. La petite partie de ce courant qui reste au-dessous de l'équateur se réfléchit sur la côte sud de l'Amérique et va se propager dans l'Atlantique sud. La partie septentrionale la plus importante va longer les côtes de la Guyane et du Venezuela, et entrer dans le golfe du Mexique. Or ce golfe du Mexique est, pour les eaux, si l'on peut employer cette expression, une véritable souricière ; elles y entrent avec la plus grande facilité, mais n'en sortent que difficilement. L'entrée de ces eaux dans le golfe du Mexique par le courant équatorial est facilitée par l'inclinaison des côtes de la Guyane et du Venezuela, et le mouvement de rotation de la terre leur permet de suivre le fond concave du golfe du Mexique, mais, ne pouvant que malaisément sortir de là, elles se mettent à tourner dans leur prison ; elles sont comme dans un piège et ce piège est une chaudière dont les parois sont à une température extrêmement élevée, puisque c'est une des régions les plus chaudes de la terre surtout pendant l'été. Ces eaux atteignent une température tellement haute que, lorsqu'elles sortent du golfe, leur température est de 12 degrés au-dessus de ce qu'elle était en y entrant. Elles ne peuvent pas sortir par où elles sont entrées, car il se produit là ce qui se passe dans une foule qui se presse à une porte ; les gens qui sont entrés ne peuvent plus sortir parce que ceux qui arrivent derrière eux les en empêchent. Dans le golfe du Mexique l'afflux continuel des eaux du courant équatorial poussées par les alizés empêche les eaux qui sont entrées de ressortir par le même chemin ; elles ne trouvent qu'une seule sortie, c'est le petit détroit, situé entre la Floride et l'île de Cuba, qui s'appelle le canal de Floride. Dans ce canal resserré, les eaux trouvent une issue beaucoup plus étroite que le passage qu'elles avaient eu pour rentrer. Leur vitesse doit donc être plus considérable, en effet : le débit étant le même, la quantité sortante doit être égale à la quantité entrée. La vitesse de sortie dans le canal de Floride est de 4 nœuds et demi à l'heure. C'est la vitesse moyenne d'un caboteur par vent ordinaire. C'est donc un facteur important pour la navigation. Un navire de commerce qui fait 9 ou 10 nœuds ne peut pas négliger un courant qui en fait la moitié. Ce courant s'appelle le « Gulf Stream ». Formé dans le golfe du Mexique, il doit son nom à son lieu d'origine.

Itinéraire du « Gulf Stream ». — A sa sortie du golfe, le Gulf Stream fait 4 nœuds et demi à l'heure, soit 8 kilomètres. Sa profondeur est de 400 mètres, et la largeur du canal par lequel il sort est de 60 kilomètres. Ce n'est pas très large, pour un fleuve qui est le déversoir des eaux de l'Océan. Le Gulf Stream suit d'abord la côte d'Amérique, s'élargit en éventail et sa profondeur diminue à mesure que sa largeur augmente. Il débite 33.000.000 de mètres cubes *par seconde :* c'est environ 2.000 fois le débit moyen du Mississipi. Il a été étudié complètement à partir seulement de 1850, par le lieutenant américain Maury. Mais il était connu depuis longtemps. Les premiers voyages de retour de Christophe Colomb en avaient déjà révélé l'existence. Les premières caravelles se sont vite aperçu qu'il ne fallait pas arriver par le détroit de Floride, mais qu'il fallait au contraire en profiter pour sortir, tandis qu'il fallait se rendre en Amérique en profitant des alizés, ce qui était la voie suivie par Christophe Colomb. Les vents alizés l'avaient bien servi : il était arrivé vent arrière dans le golfe du Mexique. Il a découvert l'Amérique aux Antilles et *ne pouvait pas* la découvrir ailleurs à cause des vents et des courants. Cela a paru fort surprenant aux marins d'Europe qui n'avaient jamais imaginé un courant semblable, au point de vue de l'intensité et de la vitesse. C'est avec les vents alizés que devront partir les aéronautes qui tente-ront, comme je l'ai proposé à l'Aéro-Club de Bruxelles, dans un projet étudié par moi en collaboration avec Elisée Reclus et Capazza, de traverser l'Atlantique en ballon.

La principale branche du Gulf Stream remonte l'Atlantique, vient lécher les îles Britanniques et la côte de Bretagne, va, par une petite dérivation, baigner les côtes de Norvège et d'Islande. Cette branche double le cap Nord, atteint la Nouvelle-Zemble, se réfléchit et forme un courant de retour qui baigne le Spitzberg. Malgré la latitude élevée où il est, le Spitzberg est toujours accessible l'été, si bien qu'une agence de voyages y a édifié un hôtel pour les touristes. Cette facilité d'accès au Spitzberg due au Gulf Stream dont les eaux chaudes, en fondant la glace, rendent la voie libre autour de cet archipel, a justement tenté les aéronautes qui ont formé l'audacieux projet d'atteindre le pôle Nord en ballon. Le Spitzberg n'est qu'à 1.200 kilomètres du Pôle ! C'est de là qu'est parti l'infortuné Andrée, dis-paru pour jamais avec ses deux compagnons. C'est de là que comptait partir avec son dirigeable l'Américain Walter Wellmann qui semble avoir renoncé à son expédition.

N'est-il pas remarquable qu'on puisse villégiaturer — fraîchement, il est vrai — à 80 degrés de latitude nord, alors qu'à la même latitude le Grönland est couvert de glaces perpétuelles ? C'est le Gulf Stream qui a rendu la mer libre pendant deux mois.

C'est grâce à lui aussi que les régions occidentales de l'Europe jouissent d'un climat tempéré. Le Gulf Stream transporte, avec les eaux chaudes et chauffées par le contact des côtes chaudes, de l'air chaud et humide ; le régime pluviométrique de l'Europe occidentale tient au Gulf Stream. La petite ville de Portugal, Coïmbre, traduit ce climat par son nom : *Collis imbrium* ou « Colline de pluies ». On sait qu'il pleut fréquemment sur les côtes de Bretagne, de même en Angleterre et en Irlande. Sur les côtes de Norvège, la condensation des vapeurs est aussi très abondante. La partie nord de la péninsule scandinave est caractérisée par les grands lacs de Suède qui, comme ceux de Finlande, sont produits par la condensation des vapeurs du Gulf Stream. Dans la région de l'Islande et de Terre-Neuve, le Gulf Stream produit aussi des vapeurs qui donnent au ciel une nébulosité presque permanente. De là le régime spécial de ces brumes qui causent tant d'accidents dans nos flottilles de pêche.

Le Gulf Stream a donc des conséquences climatériques considérables, et en ce qui concerne la pluie, et en ce qui concerne la température.

Importance météorologique du « Gulf Stream ». — Il n'est donc pas surprenant qu'un courant qui véhicule de telles quantités de chaleur soit un facteur puissant de modifications du climat des continents baignés par ses eaux. Pour en donner un exemple, je rappellerai que New-York, Lisbonne et Naples sont sous la même latitude. Tous les hivers, on voit des glaces dans la rade de New-York alors qu'à Lisbonne les palmiers poussent en pleine terre. C'est au Gulf Stream que ceci est dû ; de même pour la douceur relative de nos climats de l'Europe occidentale.

On a envisagé ce qui arriverait si on nous enlevait le Gulf Stream. D'abord, est-ce possible? Cette question semble tirée d'un roman de Jules Verne. Eh bien, ce ne serait pas si impossible que cela. Le Gulf Stream sort du golfe du Mexique par le canal de la Floride. Ce canal a environ 60 kilomètres de large et 380 mètres de profondeur. Aujourd'hui où l'homme risque des travaux comme le percement de Suez, de Panama, le comblement d'un détroit comme le canal de la Floride n'est pas chose impossible. Si la malice des habitants du nouveau continent ne va pas jusque-là, si les Américains ne veulent pas appliquer à notre grand fleuve d'eau chaude la doctrine de Monroe et nous priver de la douceur du climat dont nous jouissons, il ne serait pas impossible que de petits travailleurs microscopiques, les coraux, parvinssent seuls à faire cette besogne gigantesque. Les coraux avancent millimétriquement chaque année, mais ils avancent toujours et on peut concevoir un développement suffisant de leurs constructions pour opposer un obstacle considérable à l'écoulement du Gulf Stream par le canal de Floride. Le jour où le cours du Gulf Stream serait dévié, les Iles Britanniques, la France, le Portugal auraient le climat de l'Amérique du Nord, avec des hivers rigoureux de 35° et 40°. On irait en traîneau dans les rues. On pourrait se livrer à des exercices sportifs, peut-être agréables à quelques-uns, mais ce serait particulièrement pénible pour ceux qui sont habitués au climat tempéré dont nous jouissons.

Au contraire, la région sud de l'Europe, comme l'Espagne, aurait un climat torride comme celui de l'Afrique centrale. L'étude des courants marins est donc une question vitale, qui intéresse non seulement les côtes, mais la météorologie continentale tout entière.

Courants froids. — Telles sont les caractéristiques du Gulf Stream. Le courant chaud doit être compensé par un retour d'eau froide venant des pôles vers l'équateur. Car, puisqu'une masse considérable d'eau chaude transportant de la chaleur va de l'équateur au pôle, il faut nécessairement qu'une quantité équivalente d'eau froide se dirige vers l'équateur, afin que l'équilibre dynamique et thermique soit maintenu. Ces courants froids existent. Le plus important est celui du Labrador appelé autrefois courant polaire. Il sort de la mer de Baffin, mer presque toujours prise par les banquises et les icebergs et il longe les côtes de l'Amérique du Nord, passant devant la rade de New-York, contribuant beaucoup à donner à cette ville son climat froid d'hiver et constituant le *coldwall* ou « Muraille froide ». Ce courant s'insinue entre la côte et le Gulf Stream qui continue son chemin vers l'Europe. A partir de là il ne peut plus passer. L'expérience montre que les deux courants ne se coupent pas à la surface de la mer. Il est donc probable, certain même ou à peu près, que le courant froid « plonge » par-dessous le Gulf Stream et que c'est ainsi qu'il rejoint, vers l'équateur, la côte d'Afrique où l'on observe un refroidissement des eaux très accentué et très sensible. Ce refroidissement des eaux se fait sentir surtout au voisinage de la baie du Lévrier. De nombreuses variétés de poissons comestibles y vivent. La pêche y est importante et pourra donner lieu à une industrie considérable si l'on prend les dispositions nécessaires.

Ainsi se complète le courant du Gulf Stream. Un autre courant froid descend de la côte orientale du Grönland. Comme cette côte est à une latitude élevée et n'a pas le courant chaud, elle est toujours gelée et inaccessible aux navires. Au contraire, la côte occidentale, dans la mer de Baffin est longée par une branche du Gulf Stream, jusqu'à l'île de Disko. Si faible que soit cette branche du Gulf Stream elle permet un réchauffement suffisant pour que les baleiniers aient l'accès de la côte pendant 4 mois et demi. La présence du Gulf Stream est accusée non seulement par la fonte des glaces, mais encore par la quantité considérable de bois flottés qui remontent jusqu'au Spitzberg et à l'île Jan-Mayen. Ce ne sont pas seulement des sapins, ce sont des troncs d'acajou, d'essences venant de l'Amazone et des régions tropicales. Tombés à l'eau et entraînés, ces bois ont traversé l'Atlantique pour échouer à 80° de latitude nord. Le gouverneur de l'île grönlandaise de Disko, île qui appartient au Danemark, possède une table d'acajou faite avec des matériaux recueillis dans l'île. Le Gulf Stream a laissé, pour ainsi dire, sa signature sur les côtes qu'il vient lécher de ses eaux attiédies.

Courants du Pacifique et de la mer des Indes. — Dans le Pacifique nord, les alizés donnent naissance à un courant qui constitue un circuit fermé, lequel vient lécher les côtes de Californie. C'est le « Kouro Sivo » ou *fleuve Noir* des Japonais. C'est une image de rhétorique, car le courant est de couleur bleu foncé. C'est une caractéristique des courants chauds et du Gulf Stream que la couleur bleu foncé. La couleur de la mer, en effet, augmente avec sa salinité, et le Gulf Stream et le Kouro Sivo, contenant de l'eau plus chaude, sont plus foncés. De là le nom donné par les Japonais.

Les courants du Pacifique nord et du Pacifique sud tournent en sens inverse. Les trois courants des mers du Sud entraînent les eaux de la vaste mer australe et lui impriment un mouvement de translation. Pour prendre une comparaison familière, ces courants, qui parcourent l'océan Austral de l'est à l'ouest, sont entraînés comme le trottoir roulant de l'Exposition 1900 l'était par ses galets. Les galets tournants, ce sont les trois cycles de courants qui, dans l'hémisphère sud, tournent toujours dans le même sens. De là ce mouvement des eaux de l'ouest à l'est, au sud du cap Horn, du cap de Bonne-Espérance et de la Nouvelle-Zélande. Là se trouvent de formidables courants d'air peu recommandables aux aéronautes et qui, par leur violence, donnent naissance à des vagues de 18 mètres de hauteur.

L'étude attentive des courants est capitale en météorologie, car chaque courant, comme le Gulf Stream, entraîne au-dessus de ses eaux, un courant d'air chaud et sert ainsi d'*amorce* à un régime de vents. Nous allons voir avec plus de détails comment est faite cette « liaison » entre les mouvements de l'Océan et les mouvements de l'atmosphère.

Les vents qui résultent du Gulf Stream. — Le courant d'air qui est au-dessus du courant marin, ce que nous pouvons appeler le *Gulf Stream aérien*, n'est pas arrêté comme le courant d'eau chaude, par la barrière continentale. Après avoir condensé ses vapeurs sur la Suède, le nord de la Russie et la Finlande, toujours dévié vers sa droite par la rotation de la terre, il redescend à travers les steppes de l'Asie centrale et ferme son circuit en retournant vers l'équateur à l'état de vent chaud et humide. Il a perdu toute sa chaleur en échauffant les côtes occidentales de l'Europe ; il a perdu toute son humidité en formant les pluies qui alimentent les lacs de la Russie et de la Finlande et il est devenu un vent sec et froid. Cela explique le climat sec et froid de la Russie ; cela explique les déserts arides du Turkestan, de l'Arabie et du Sahara qui sont traversés par cette branche de retour du Gulf Stream aérien. Ainsi les déserts de l'ancien continent sont des conséquences directes de l'existence du Gulf Stream et étudier le Gulf Stream (ce qui au premier abord paraît paradoxal) revient à étudier l'origine des déserts.

Ce n'est pas tout. Dans un courant d'air, la pression atmosphérique est moindre à l'intérieur du courant qu'à son voisinage. Dans une cheminée la pression est toujours moins forte qu'à l'air extérieur. Ainsi tout le long du courant d'air chaud qui chemine au-dessus du Gulf Stream se trouvent des centres de basse pression, dits *centres de bourrasques*. Par conséquent, tout le long du trajet de ce fleuve aérien sont des dépressions barométriques qui arrivent sur l'Europe occidentale et centrale. C'est pourquoi les Anglais appellent le Gulf Stream le Père des tempêtes.

La loi de Dove. — Ainsi le Gulf Stream agit, sans trop d'intermédiaires en somme, sur la climatologie de l'Europe centrale ; en particulier il a pour effet de nous donner la loi suivant laquelle varie la direction des vents en Europe. Cette loi a été découverte par le physicien allemand Dove au commencement du XIXe siècle. Cette loi est la suivante : *Les changements de direction du vent s'opèrent, sauf dans des circonstances exceptionnelles, dans le sens de la rotation des aiguilles d'une montre, c'est-à-dire qu'une girouette considérée dans son mouve-*

ment plusieurs jours de suite tourne dans le sens des aiguilles d'une montre. C'est encore une conséquence directe du transport de l'air chaud par le Gulf Stream qui opère dans nos régions une rotation de gauche à droite. Cette loi énoncée par Dove a été découverte expérimentalement. Dove en a cherché la vérification non seulement dans ses longues observations personnelles, mais encore dans l'histoire ; il trouve cette vérification dans des récits du moyen âge et même de l'antiquité, en particulier dans le récit de la bataille d'Actium au cours de laquelle les historiens latins ont noté différentes directions des vents qu'ils appelaient *Eurus, Notus, Zephyrus* et *Aquilo*. Il trouve encore la vérification de cette théorie dans la Bible et jusque dans l'Ecclésiaste où les récits de certains événements rapportent soigneusement des orientations successives des vents. Tout cela concorde à prouver qu'il s'agit d'une loi générale de l'atmosphère.

Cette loi de Dove, si intéressante, a eu, il y a peu d'années, une vérification extraordinaire : des tentatives ont été faites pour traverser la Méditerranée en ballon. Deux années de suite, malgré la virtuosité des aéronautes, — on peut le dire sans crainte, car c'étaient les maîtres de l'aérostation française, — les ballons partis de la côte de France ont été rejetés sur la côte d'Espagne et finalement sont revenus à leur point de départ. C'était la loi de Dove qui s'appliquait de façon à frapper réellement les esprits.

Circuits atmosphériques généraux. — Ce que fait le Gulf Stream sur l'Atlantique, en transportant une masse d'air chaud, les autres courants marins le font dans les régions qu'ils traversent. Ainsi le Kouro Sivo détermine un courant aérien au-dessus du Pacifique nord. Dans les trois océans du Sud, les trois courants chauds déterminent trois circulations analogues. Ces circuits atmosphériques sont presque tous séparés l'un de l'autre par des continents. Le circuit Atlantique nord est séparé de l'autre branche du Pacifique par le plateau asiatique. Les deux circuits de l'Atlantique sud et de l'océan Indien sont séparés par l'Afrique du Sud. Enfin les deux circuits sud Atlantique et sud Pacifique sont séparés par l'Amérique du Sud. Ces trois circuits aériens entraînent un mouvement d'air. Ce sont les vents réguliers de l'ouest à l'est qui soufflent dans les mers du Sud. De même dans la région polaire, nous constatons un mouvement général de l'air de l'ouest à l'est.

Voilà donc la loi générale de la circulation de l'eau et de l'air sur la terre. Je dis « générale », car cette loi météorologique n'a pas la prétention de prédire le temps qu'il fera à jour et heure fixes ; il faut réserver ces prédictions aux vieux pronostiqueurs qui vaticinent au petit bonheur et qui annoncent les temps futurs, sauf à voir leurs prédictions se réaliser quelquefois. Mais cette loi est celle de la circulation telle qu'elle existe au-dessus de la surface de l'Océan, c'est-à-dire sur les trois quarts de la surface du globe.

Vents des régions tempérées. — Risées. — Rafales.

— Dans nos régions de l'Europe occidentale, le vent *dominant,* amené par les courants de l'Atlantique, sera donc le vent venant de la région de l'Ouest (du Nord-Ouest au Sud-Ouest). C'est démontré par les statistiques d'abord, ensuite par l'inclinaison des arbres du côté de l'Est.

Quand les vents de direction différente surviennent, par suite de perturbations cycloniques et de l'arrivée de fortes dépressions, la succession de ces vents se fait, dans presque tous les cas, suivant la *loi de Dove* dont nous avons eu l'occasion de parler.

Mais le vent, tel qu'on l'observe et qu'on l'utilise dans la pratique, se présente rarement sous la forme d'un mouvement uniforme des masses atmosphériques : il subit des embardées qui font que la girouette, au lieu de garder une position immuable dans l'espace, oscille seulement de part et d'autre de cette direction ; de plus, l'intensité de vent subit de brusques variations, tantôt en plus, tantôt en moins ; ce sont les *risées* dans le cas des vents moyens ou « maniables », et les *rafales* dans le cas des vents violents. Ces rafales sont donc de brusques à-coups dans la force du vent ; et ce sont des ennemis pour l'aéronaute, qui veut lutter contre le vent à l'aide d'un moteur, puisqu'elles modifient brusquement les conditions d'équilibre entre les forces motrices et les forces résistantes.

Quelle est l'origine de ces rafales ? près du sol, on peut admettre qu'elles ont, en partie, pour cause les inégalités du terrain qui font qu'une partie des masses d'air se trouve réfléchie vers le haut de l'atmosphère.

Mais on a souvent constaté l'existence de ces rafales à des hauteurs relativement considérables. Sont-elles, dans ce cas, causées par le rayonnement solaire lui-même qui subirait, dans son action sur une masse d'air déterminée, de brusques variations suivant que des nuages s'interposent pour l'arrêter ou s'écartent pour le laisser passer librement? *That is the question.*

Outre ces variations par brusques « bouffées », il n'est pas impossible qu'il s'établisse, dans la masse de l'air, qui est un milieu élastique, de véritables ondulations régulières et isochrones, sortes de vagues d' « ondes » atmosphériques qui seraient, alors, d'autant plus régulières qu'elles se propagent plus loin du sol dont les aspérités sont perturbatrices. Cette conception, d'une grande élégance scientifique, est due à un ingénieur français dont les travaux constituent une des belles contributions à l'étude de l'aviation, M. Soreau.

CHAPITRE X

ASCENSIONS SCIENTIFIQUES

Les premières tentatives. Robertson, Biot, Gay-Lussac. — Dès le début de l'invention des aérostats on a pensé immédiatement à utiliser ces véhicules aériens pour étudier les lois de l'atmosphère. Les physiciens du commencement du XIXᵉ siècle se sont les premiers risqués à faire des ascensions de grande altitude. Il semblait même, au début, étant donné l'intérêt que provoqua la découverte des aérostats, que la science allait être complètement renouvelée par les découvertes auxquelles ces machines devaient conduire, et cependant les résultats ont été assez maigres jusqu'à ces dernières années.

Ce fut Robertson qui, au mois de juillet 1803, fit, à Hambourg, la première ascension scientifique, et, ce qui fait preuve d'un grand courage, il atteignit une altitude de 7.400 mètres ; les résultats scientifiques qu'il obtint furent à peu près nuls. Il avait annoncé, en effet, que l'énergie d'une pile électrique diminuait avec la hauteur, que le soufre ne s'électrisait plus, que la direction de la boussole était altérée, et ces résultats semblèrent si extraordinaires aux savants de cette époque que l'Académie des sciences décida que les expériences seraient reprises. Le soin de refaire des ascensions scientifiques fut confié par la docte assemblée à deux des plus illustres savants du XIXe siècle, Biot et Gay-Lussac, car il ne faut pas oublier que Robertson, le premier qui fit une ascension dite scientifique, était de son métier prestidigitateur. La construction du ballon fut confiée à Conté. On se rappelle que c'est déjà ce constructeur qui avait réalisé avec un vernis parfait le premier ballon captif militaire, celui qui contribua à faire gagner aux armées françaises la bataille de Fleurus.

Biot et Gay-Lussac s'élevèrent du Conservatoire des arts et métiers le 20 août 1804. Ils constatèrent que l'électrisation d'un corps était aussi facile à 4.000 mètres qu'au niveau du sol, que l'aiguille aimantée agissait de la même manière qu'à la surface de la terre, et ils étudièrent pendant leur ascension les variations de la température, de l'humidité de l'air.

Gay-Lussac fit alors un mois plus tard une seconde ascension, dans laquelle il partit seul, car son illustre compagnon Biot avait, paraît-il, pendant la première manifesté des inquiétudes telles que Gay-Lussac ne voulut pas, par bonté d'âme, l'exposer à en être de nouveau la victime. L'illustre chimiste partit donc seul et atteignit la hauteur de 7.000 mètres. Il recueillit, à cette altitude, de l'air atmosphérique qu'il emmagasina dans une bouteille de verre, dans laquelle il avait primitivement fait le vide. Aussitôt descendu il fit l'analyse de cet air et constata qu'il avait la même composition que l'air des couches inférieures que nous aspirons. C'était un résultat dont l'importance n'échappe à personne.

Ascensions modernes. Barral et Bixio. Glaisher et Coxwell. Le « Zénith ». — Telles furent les deux premières ascensions scientifiques faites en 1804. Il faut arriver jusqu'en 1850 pour assister à de nouvelles explorations aérostatiques de l'atmosphère. Ces explorations furent faites par Barral et Bixio, l'un ingénieur, l'autre médecin. Leur ballon partit de l'Observatoire le 29 juin 1850, à dix heures et demie du matin. Les deux aéronautes emportèrent une provision considérable d'instruments de toutes sortes, baromètres, thermomètres, boussoles, hygromètres, ballons pour recueillir de l'air, etc. Malgré la mauvaise construction de leur aérostat, à cause de laquelle on leur prédisait les pires mésaventures, les deux savants partirent cependant. Ils rencontrèrent d'abord un nuage tellement épais qu'ils se crurent en pleine nuit, mais ils traversèrent cette couche nébuleuse et se trouvèrent dans un ciel serein. Enlevés par leur ballon qui montait avec une vitesse croissante, car il s'était chargé d'humidité en traversant les nuages, ce qui l'avait alourdi, et il perdait cette humidité aux rayons du soleil dans la partie transparente de l'atmosphère, les voyageurs regardèrent alors le baromètre qui indiquait une élévation de 5.900 mètres, lorsqu'ils constatèrent que leur ballon, dilaté à l'excès, commençait à se gonfler d'une façon dangereuse. La soupape ne fonctionnait plus et ils durent se réduire, pour descendre, à la mesure suprême de crever leur ballon à coups de couteau. Leur vitesse de chute augmentait et semblait leur faire prévoir une issue fatale, qui ne fut évitée que par la présence d'esprit de Barral. Rassemblant tous les objets qu'ils avaient à bord, excepté les instruments de précision, il en fit un ballot et, dès qu'il se crut assez rapproché du sol, il jeta le tout à terre. La manœuvre réussit miraculeusement et les aéronautes descendirent à Lagny, en Seine-et-Marne, sans autre accident qu'une égratignure au visage reçue par Barral. Toute l'ascension n'avait duré que quarante-sept minutes et la descente de 5.900 mètres s'était faite en sept minutes. Les résultats de cette expédition n'étaient pas extraordinaires ; cependant les deux explorateurs ne furent pas découragés et firent une seconde ascension au mois de juillet 1850. Ils partirent encore de l'Observatoire et c'est Arago qui avait présidé à l'installation des instruments de physique. Les aéronautes observèrent cette fois des phénomènes tout à fait curieux. A 2.000 mètres de hauteur, dans un nuage qui avait plus de 5 kilomètres d'épaisseur, ils constatèrent qu'à partir de 6.000 mètres on trouvait dans l'atmosphère de petits glaçons formés d'aiguilles de glace très fines et ils trouvèrent à la hauteur de 7.400 mètres une température de 39° au-dessous de 0. Ce résultat était complètement inattendu et était très surprenant à cette époque. Les deux savants, à demi morts de froid,

crurent prudent de redescendre, ce qu'ils firent près
de Coulommiers, en Seine-et-Marne. Leur ascension
avait duré une heure et demie ; malheureusement un

Un ballon dans les glaces antarctiques.
Le navire *Discovery* lance un ballon captif pour explorer la surface
glacée des terres australes.

accident de voiture brisa leurs instruments au retour.
Cependant les résultats de cette ascension furent très
importants et Arago affirma à l'Académie que la dé-

couverte, en plein été et au milieu de la journée, d'une température de 40° au-dessous de zéro à une grande hauteur dans l'atmosphère était la découverte la plus importante de la météorologie moderne.

Deux ans après, en 1852, deux Anglais, M. Welsh et M. Green, exécutèrent quatre ascensions dans un but purement scientifique. Ils atteignirent les hauteurs de 6.000, 6.100, 3.900 et 7.000 mètres. Mais il faut arriver en 1861 pour voir les expéditions très importantes de M. Glaisher, météorologiste anglais, qui s'éleva plusieurs fois en compagnie de M. Coxwell, habile aéronaute. En 1861, les deux observateurs atteignirent la hauteur de 10.000 mètres et dans cette ascension, à partir de 8.800 mètres, Glaisher avait perdu connaissance. Les résultats de l'expédition faite par le savant anglais sont importants. Il put déterminer la loi de décroissance de la température, celle de l'humidité, celle de l'électrisation. Il constata que les mouvements du pouls sont accélérés. Il remarqua la facilité avec laquelle dans cette atmosphère tranquille le son se propage. Ainsi à 3 kilomètres de hauteur il entendit aboyer un chien et à 6 kilomètres et demi d'altitude il reconnut très bien le sifflet d'une locomotive. En 1863 il refit une ascension pour étudier les propriétés optiques de l'air en se servant d'un spectroscope. Mais l'ascension scientifique la plus célèbre fut celle du ballon *Zénith* (1875). Elle coûta malheureusement la vie à deux aéronautes, qui s'appelaient Sivel et Crocé Spinelli ; seul Gaston Tissandier y survécut. Aussi cette ascension, dont les effets furent si tragiques, refroidit singulièrement l'ardeur des aéronautes. L'étude de l'atmosphère devenait très intéressante dans les régions très hautes, mais dans ces régions-là précisément la raréfaction de l'oxygène rend les ascensions dangereuses et quelquefois mortelles. En effet, à cette hauteur on est atteint par ce qu'on appelle le « mal des montagnes ». De plus, il y a des effets physiques qui sont dus à la basse pression de l'air. Cette basse pression peut faire que les gaz dissous dans le sang se dégagent, interrompent ainsi la circulation dans les canaux capillaires et amènent la mort.

Paul Bert a indiqué les moyens de combattre ce danger. Il suffit pour empêcher l'asphyxie de respirer un mélange convenable d'air et d'oxygène, dont on emporte une provision. Malgré cela on hésitait beaucoup à continuer les ascensions à grande hauteur, car il faut remarquer que l'altitude de 10.000 mètres a été la plus forte que l'homme ait pu atteindre et cette altitude est loin de marquer la limite utile de l'atmosphère.

Les ballons sondes. Capazza, Hermite et Besançon, Teisserenc de Bort. — C'est en 1892 que l'aéronaute français Louis Capazza, qui venait de réaliser avec éclat l'unique traversée aérostatique de la Méditerranée qui ait jamais été faite, de Marseille en Corse, indiqua une solution aussi élégante que simple de ce difficile problème de l'exploration de la haute atmosphère. A cette époque les construc-teurs d'instruments de précision avaient réalisé un immense progrès et l'ingénieur Richard, en ima-ginant ses instruments enregistreurs, avait rendu à la science un service important. Capazza eut l'idée de lancer dans l'atmosphère un ballon sans aéronaute et qui emportait seulement des instru-ments enregistreurs, placés dans un petit panier et protégés contre les chocs qui pourraient se produire à la descente. L'idée de Capazza fut accueillie avec enthousiasme et deux Français, Hermite et Besan-çon, eurent l'honneur de la réaliser les premiers. Le poids total qu'ont à porter ces ballons est très faible. Richard fait actuellement des instruments enregis-treurs qui inscrivent à la fois les variations de la pression, de la température, de l'humidité et qui ne pèsent pas un kilo. Si donc on se rappelle qu'un mètre cube d'hydrogène possède la force ascension-nelle d'environ un kilo, on voit qu'avec un ballon de quelques mètres cubes on pourra lancer dans les airs des appareils qui rapporteront les indications ins-crites des conditions de la haute atmosphère. Les seules précautions qu'il faille prendre sont de pro-portionner les dimensions de ces ballons à la hau-teur qu'on veut qu'ils atteignent.

Un de ces ballons, appelé l'*Aérophile*, de 6 mètres de diamètre et de 113 mètres cubes de capacité, rem-pli de gaz d'éclairage et emportant un poids de 7 ki-logrammes, a atteint une hauteur de 15 kilomètres (novembre 1896). Depuis l'année 1893 le nombre de ces ascensions de « ballons explorateurs » (c'est ainsi que les avait nommés Capazza) ou des « ballons-sondes » (comme on les appelle maintenant) s'est augmenté et aujourd'hui ces explorations aériennes de la haute atmosphère sont faites d'une façon rationnelle et méthodique. En France c'est M. Teisserenc de Bort qui s'est surtout préoccupé de les réaliser. En Allemagne, grâce à la générosité de l'empereur Guillaume, les professeurs Assmann et Hergesell ont fait de très belles expériences, et enfin depuis plusieurs années le prince de Monaco étudie les hautes couches de l'atmosphère au-dessus de l'Océan. La hauteur maximum atteinte par les ballons-sondes est de 20.000 mètres (les inscriptions barométriques en font foi).

Lancement et recherche des ballons-sondes. Travaux du prince de Monaco. — Comment retrouver ces ballons ? Ceux qui tombent dans des lieux habités sont recueillis par des indigènes. Une enveloppe, contenant une lettre écrite en plusieurs langues les avertit d'avoir à expédier les instruments, sans y toucher, à une adresse qui leur est indiquée, et une petite somme d'argent les récompense de leur docilité à suivre ces indications. Mais, quand on lance un ballon explorateur au-dessus des océans, il pourrait être difficile ou impossible de le retrouver, sans un artifice extrêmement ingénieux, dont s'est servi le prince de Monaco. Les ballons employés par le prince sont de petit diamètre (environ un mètre) et sont gonflés avec de l'hydrogène. Au lieu d'en employer un, le prince en emploie deux pour chaque ascension. Ces ballons ont une dimension telle que la force ascensionnelle d'un seul ne suffit pas pour enlever les instruments, mais que les deux forces ascensionnelles réunies suffisent à les enlever ainsi qu'un peu de lest, contenu dans un flotteur hermétiquement fermé et qui est suspendu au-dessous des instruments au bout d'une corde longue de 50 mètres. Avec une pile électrique et un petit électro-aimant, un crochet lâche l'un des ballons et l'abandonne librement dans l'atmosphère, lorsque tout le

(Cl. Bourée).

Lancement de ballons-sondes en mer par le prince de Monaco.

système a atteint une certaine hauteur, que l'on peut fixer d'avance. Aussitôt que le ballon numéro 2 est abandonné, les appareils ne sont plus retenus que par le ballon numéro 1, dont la force ascensionnelle ne suffit pas à les maintenir. Ils vont donc tomber vers la mer. Mais la petite boîte qui contient le lest touche la première la surface de l'eau. Elle flotte et le ballon, se trouvant ainsi déchargé du

poids excédant, reste en l'air, portant les instruments au bout de leur corde de 50 mètres, c'est-à-
dire à l'abri des injures des vagues. Dans ces conditions le ballon constitue un signal que l'on voit
de loin, et le navire peut aller recueillir les instruments. Cette méthode est tellement sûre que l'on ne
perd pas plus d'un ballon sur vingt.

Les résultats obtenus par le prince de Monaco sont
d'une importance capitale. Ainsi on a constaté de
cette manière que les vents supérieurs, que l'on
appelle *contre-alizés*, n'ont pas été rencontrés jusqu'à l'altitude de 15.000 mètres dans les régions de
l'Atlantique qui environnent les Açores. On a constaté à cette hauteur des températures de 70° au-dessous de 0 et enfin on a pu établir qu'il existait une
couche, à partir de laquelle la température décrois-
sait moins rapidement.

On voit ainsi quels services énormes l'aérostation
rationnellement comprise peut rendre à la science.
Il faut espérer que les gouvernements comprendront
enfin l'importance de ces services et se décideront à
encourager ces recherches d'une façon effective.

CHAPITRE XI

LES BALLONS CAPTIFS

Conditions spéciales du ballon captif. — On appelle ballon captif un ballon qui est retenu par un câble de façon à pouvoir être ramené à volonté à son point de départ. Les ballons captifs sont de deux sortes : ceux qui servent à l'amusement des foules dans les expositions et dans les fêtes, et ceux qui sont employés par les armées et les flottes de guerre comme moyens d'investigation.

La théorie du ballon captif est la même que celle du ballon libre, avec cette différence qu'il n'y a pas lieu de se préoccuper outre mesure des conditions de leur descente et qu'on peut leur donner au départ un grand excès de force ascensionnelle, parce que cette force ascensionnelle est toujours équilibrée par la résistance du câble qui le retient. Il faut cependant, quand on calcule les dimensions d'un ballon captif, ne pas oublier qu'à mesure qu'il s'élève il doit supporter le poids de tout le câble, qui se déroule pour le retenir. Moyennant cette restriction, il est facile de calculer les dimensions que pourrait avoir un de ces ballons.

Nous ne dirons que peu de choses des ballons captifs d'expositions. Le plus grand qui ait été réalisé fut celui qui était installé place du Carrousel pendant l'Exposition de 1878. Ce ballon avait 25.000 mètres cubes de capacité et avait été construit par le célèbre ingénieur Henry Giffard. Ce qui est intéressant, c'est de savoir comment fonctionnent les ballons captifs militaires, dont le service est confié au corps du génie. C'est au colonel Renard que l'on doit la disposition et l'organisation des aérostats militaires.

Ballons captifs militaires. — Les ballons employés pour le service des armées sont des ballons dont le cube varie entre 300 et 500 mètres. On les gonfle avec de l'hydrogène pur. Les premiers ballons captifs présentaient des inconvénients assez sérieux, dont le principal était que le câble, qui les retenait, était attaché sous la nacelle, de sorte que, dès qu'il faisait du vent, celle-ci prenait des inclinaisons désagréables et qui pouvaient même devenir dangereuses pour les aéronautes.

Le colonel Renard imagina une suspension, dans laquelle, grâce à une sorte de double trapèze de gymnase, la nacelle reste verticale, malgré les inclinaisons du câble, n'obéissant qu'à la seule action de la pesanteur.

Le ballon captif militaire doit se compléter par deux organes : l'un est un appareil producteur de gaz hydrogène et qui doit servir à gonfler l'aérostat, quand le moment est venu de faire une ascension ;

Le premier « captif » militaire à la bataille de Fleurus.

l'autre est un treuil, commandé par un moteur, destiné à dévider ou à enrouler le câble de retenue.

Il y a vingt ans, on produisait l'hydrogène dans des fours portatifs montés sur des fourgons, en décomposant par la chaleur le formiate de soude en présence de la soude caustique. En France on a adopté un dispositif infiniment plus simple. On emporte seulement une provision suffisante de tubes d'acier résistant, dans lesquels l'hydrogène est comprimé sous une pression de plus de 100 atmosphères. De cette manière le gonflement des ballons s'effectue sans qu'il soit nécessaire de chauffer des fours et l'opération est extrêmement rapide. Quant au treuil, il est placé sur une dernière voiture, qui supporte également la petite machine à vapeur nécessaire à sa manœuvre.

On étudie en ce moment le moyen de remplacer la machine à vapeur par un moteur à pétrole.

Dans l'intérieur du câble de suspension se trouve un fil de cuivre isolé qui met en communication l'officier de la nacelle avec les hommes qui manœuvrent le câble. L'observateur peut ainsi, du haut des airs, « téléphoner » ses observations et ses ordres à l'équipe des aérostiers sans avoir à faire usage de signaux qui, outre qu'ils peuvent être mal compris, seraient vus de l'ennemi qui aurait pu s'en procurer la clef. Nos ballons militaires français sont faits pour atteindre des altitudes de 500 mètres et l'ensemble du ballon dégonflé, de la machine et des accessoires est chargé sur une des voitures qui

constituent ce qu'on appelle un *parc aérostatique*.
Les ateliers aérostatiques du génie militaire sont à
Chalais, près de Meudon. Un parc aérostatique mili-
taire, en France, comprend quand il est complet : une voiture-treuil, une voiture d'agrès et neuf voitures chargées de tubes d'hydrogène comprimé. Le parc dispose d'un ballon-type de 540 mètres cubes, verni, d'un pareil ballon non verni, et d'un petit ballon-gazomètre spécial de 50 mètres cubes. La provision d'hydrogène permet

(Cl. Borde.)

Captif militaire français et sa
suspension.

dix gonflements, et le personnel comprend : un capitaine, deux lieutenants, cinq sous-officiers, huit capo-
raux et soixante-cinq sapeurs-aérostiers.

La marine militaire emploie également des ballons
captifs qui sont, surtout dans les conditions de la

guerre navale actuelle, une admirable manière d'explorer l'horizon.

Enfin les ballons captifs peuvent présenter une autre application d'un très grand intérêt. Ils peuvent dérouler, une fois qu'ils sont dans les airs, un ou plusieurs fils de cuivre d'une très grande longueur, constituant une *antenne* qui permet de recueillir les ondes électriques, envoyées d'une très grande distance, et de correspondre ainsi avec des stations lointaines par la télégraphie sans fil. La plus récente application des ballons captifs militaires, on peut même dire la plus actuelle, est celle qu'en fait notre corps expéditionnaire du Maroc à Casablanca. La première fut celle de la bataille de Fleurus où, pour la première fois, un ballon captif, monté par l'aérostier Coutelle, s'éleva dans les airs et put, à l'aide de signaux, indiquer à nos armées les manœuvres de l'ennemi.

Les aérostats ont d'autres applications à la guerre. Rappelons le rôle inoubliable qu'ils ont joué pendant le siège de Paris. Mais cette fois il s'agissait de ballons libres. Pendant que la capitale était assiégée par les armées allemandes, Gambetta partit dans un ballon, passa par-dessus les lignes ennemies et put ainsi organiser le gouvernement de la France loin des obus prussiens.

Aujourd'hui l'art militaire est plus exigeant et demande davantage à l'aérostation. Il ne suffit plus de s'élever dans les airs au moyen d'un ballon captif pour suivre les mouvements de l'ennemi ; il ne suffit plus, dans le cas d'un siège, de partir dans un ballon qui va où le vent le pousse, c'est-à-dire qui, avec un hasard malheureux, pourrait être repris par les assiégeants eux-mêmes. On demande à l'aérostation de fournir des ballons qui non seulement s'élèvent hors de la portée des projectiles, mais encore qui, une fois dans les airs, puissent se diriger à volonté. D'ailleurs, ce ne sont pas seulement les besoins de la défense nationale qui ont posé ce problème ; c'est l'impatience de l'homme de conquérir l'élément aérien. Nous allons voir comment le ballon s'est transformé et comment de ballon captif il est devenu un ballon dirigeable.

CHAPITRE XII

BALLONS DIRIGEABLES

Le problème de la « direction ». — Un ballon *dirigeable* est un aérostat qui, indépendamment des voyageurs et du lest qu'il enlève, enlève également un *moteur*, dont la puissance doit servir à actionner un *propulseur*. Ce propulseur est généralement une hélice qui prend son point d'appui sur l'air lui-même. Il doit être muni d'un *gouvernail* qui lui permette de changer sa direction à son gré et de divers organes que nous verrons plus loin, destinés à assurer la *stabilité* de sa marche dans l'air.

Le problème de la direction des ballons est difficile et l'on ne peut en aucune façon le comparer au problème de la navigation maritime. Un navire en effet repose sur l'eau, et le vent, qui agit pour le mouvoir ou pour le mettre en danger, peut être combattu précisément grâce à la résistance de l'eau, sur laquelle se meut le bâtiment, en partie immergé dans le fluide qui le porte.

Au contraire, un ballon est complètement plongé dans le fluide au travers duquel il doit se mouvoir. Si donc on veut faire une comparaison qui présente un peu de justesse, ce n'est pas à un navire qu'il faut comparer le ballon, mais bien à un sous-marin, et ici encore remarquons qu'il y a à l'avantage du sous-marin des circonstances qui sont au désavantage du ballon. Les courants marins, sauf dans quelques cas exceptionnels, ont, presque toujours, une vitesse bien inférieure à la vitesse de marche d'un bateau sous-marin. Par exemple, le Gulf Stream, à sa plus grande vitesse, parcourt à peu près 4 milles marins à l'heure, et la vitesse d'un sous-marin atteint facilement 8 à 9 milles. Il n'y a que certains courants de marée, et dans certaines localités, dont la vitesse dépasse celle des sous-marins. Pour le ballon, au contraire, l'aérostat se trouve avoir à lutter contre des courants qui s'appellent les *vents* et dont la vitesse est très considérable. Aussi dans bien des cas est-il impossible de tenter la lutte. Cependant aujourd'hui on est arrivé à tenir tête à des vents faisant plus de 12 mètres par seconde, ce qui correspond à une vitesse d'environ 45 kilomètres à l'heure.

La condition essentielle, nécessaire à la marche et à la dirigeabilité d'un aérostat muni d'un moteur est que celui-ci, en air calme, lui communique une *vitesse propre* plus grande que la vitesse des vents contre lesquels l'aérostat aura à se mouvoir.

Quand la vitesse propre de l'aérostat est plus grande que celle du vent, le navire aérien peut aller, à travers l'atmosphère, dans toutes les directions, sous réserve de remarquer qu'il doit, dans les directions obliques à celle du vent, tenir compte de la combinaison géométrique des deux vitesses.

(Cl. Branger.)

Dirigeable de la Vaulx.

Si la vitesse propre est égale à celle du vent, l'aérostat, s'il essaie de lutter, arrivera bien à se tenir « debout au vent », mais n'avancera pas contre lui. Toute une région de l'atmosphère lui est donc interdite. Enfin, si la vitesse propre est inférieure à celle du vent, le dirigeable ne pourra marcher que « sous le vent », sans même pouvoir arriver à l'immobilité dans l'air. Alors, non seulement la région de l'atmosphère d'où souffle le vent lui est interdite, mais encore, dans la région *sous le vent,* dans laquelle il peut fuir, ne pourra-t-il opérer que de faibles déviations à gauche et à droite de la direction du vent, si celui-ci est un peu fort.

Résistance de l'air. Avantage des gros cubes. — Le premier point dont il est nécessaire de bien se rendre compte dans l'étude des ballons dirigeables, c'est la résistance de l'air. Quand on essaie de déplacer à grande vitesse une certaine surface, on éprouve de la part de l'air une certaine résistance, et cette résistance les physiciens ont essayé de la déterminer. Newton en a énoncé la loi qui est celle-ci : *La résistance que l'on éprouve à faire avancer une surface est proportionnelle à cette surface et proportionnelle aussi au carré de la vitesse que l'on veut atteindre.* Si donc on fait intervenir cette loi dans le calcul de la force propulsive nécessaire à la réalisation de cette vitesse, on trouve, avec les mécanistes, que cette force est proportionnelle au cube de la vitesse à réaliser.

Par conséquent, une première condition s'impose à nous; c'est qu'il faut donner au ballon que l'on veut mouvoir et diriger dans l'atmosphère une forme telle qu'il présente le moins de surface possible dans le sens de l'avancement, c'est-à-dire une forme *allongée*.

Une autre conséquence très importante est que les ballons de grande capacité seront plus faciles à mouvoir et à diriger que les ballons de faible tonnage, et cela se conçoit aisément. En effet, la puissance du moteur dépend du poids que le ballon peut enlever, c'est-à-dire de sa force ascensionnelle, et par là de son volume, tandis que la résistance de l'air dépend de la surface de l'enveloppe. Or les volumes sont proportionnels aux cubes de dimensions et les surfaces aux carrés seulement. Donc, si nous avons deux ballons exactement semblables, mais l'un ayant des dimensions doubles de celles de l'autre, la force ascensionnelle du second sera à celle du premier comme le cube de deux, c'est-à-dire qu'elle sera *huit* fois plus forte. Le second ballon pourra donc emporter une force motrice qui sera huit fois plus importante, et, d'autre part, la résistance éprouvée par le second ballon sera à la résistance éprouvée par le premier seulement comme le carré de deux, c'est-à-dire *quatre* fois plus grande. Donc le second ballon pourra être propulsé par une force huit fois plus grande que celle du premier et cependant la résistance qu'il aura à vaincre ne sera que quatre fois celle du premier ballon. On voit que le ballon de

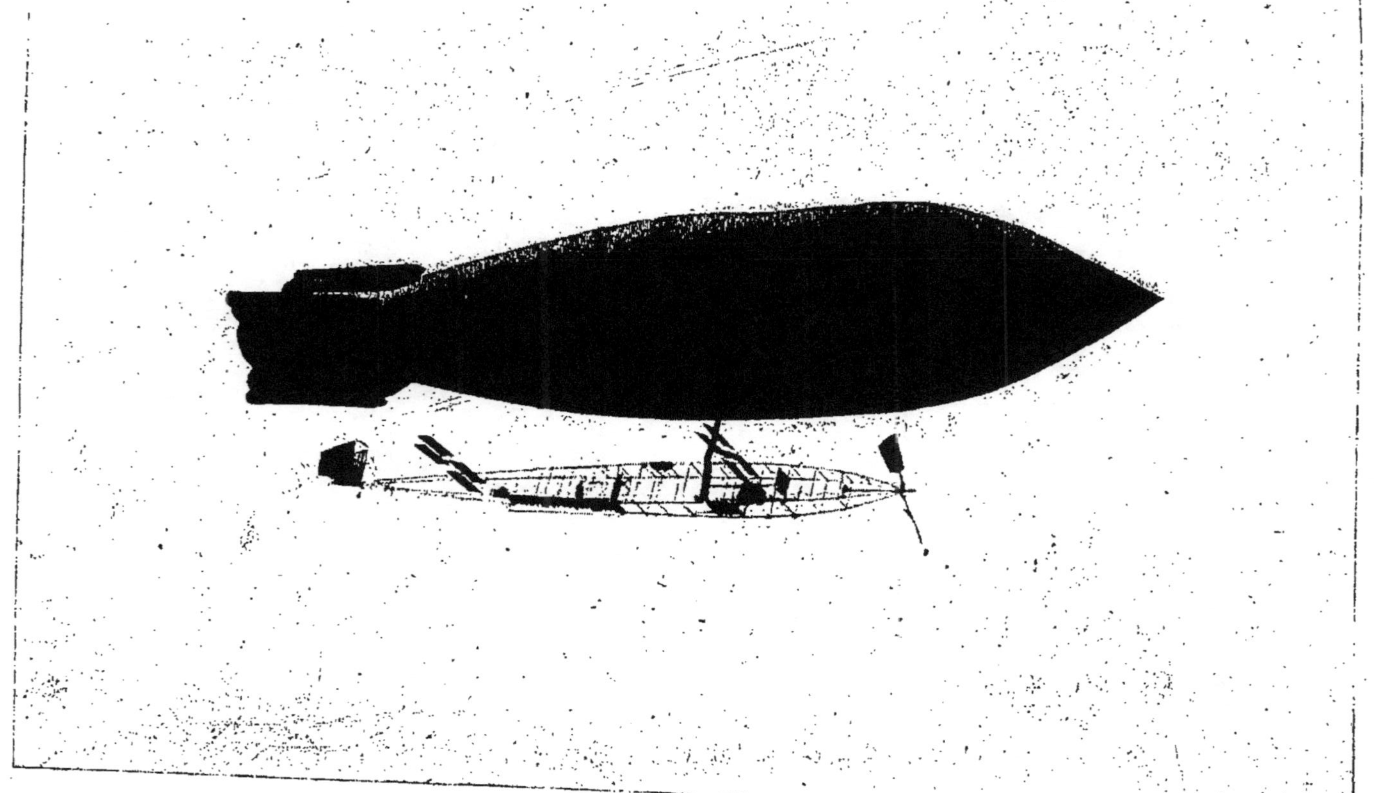

La *Ville-de-Paris* dans son vol.

(Cl. Branger.)

dimension double sera avantagé par rapport à celui de dimension simple. Aussi, dans le problème de la navigation aérienne, le succès ne s'est-il nettement dessiné qu'à partir du moment où l'on s'est mis à construire des ballons de grand volume.

Forme des dirigeables. Le « fuseau » ou le « poisson ». — La loi de la résistance de l'air nous indique aussi quelle devait être la forme des ballons dirigeables. Ces ballons ne doivent pas être sphériques, ils doivent être de forme allongée, et ici interviennent de nouveau les lois de la résistance des fluides. Les premiers constructeurs de ballons dirigeables ont fait leurs ballons en forme de *fuseau*, c'est-à-dire avec leurs deux extrémités également pointues. On retrouvera cette forme dans les expériences de Giffard, de Dupuy de Lôme et de Tissandier et cette forme n'est pas avantageuse. Le calcul et l'expérience démontrent qu'il y a tout intérêt à donner aux ballons non pas la forme d'un fuseau symétrique, mais celle d'un poisson ou d'un œuf très allongé, marchant le gros bout en avant. Déjà, dès le commencement du xixᵉ siècle, Marey-Monge disait qu'un bon ballon doit avoir *la tête d'une morue et la queue d'un maquereau*, c'est-à-dire qu'il doit être plus gros à l'avant et plus fin à l'arrière.

L'observation de la nature confirme cette règle. Regardons en effet tous les animaux qui se déplacent à grande vitesse soit dans l'air soit dans l'eau : pigeons, hirondelles, parmi les oiseaux, ou, parmi les poissons, requins et surtout marsouins. Nous les voyons tous constitués de la sorte ; tous marchent le gros bout en avant.

C'est le colonel Renard qui a eu le mérite de réaliser le premier un ballon dirigeable *pisciforme* construit sur ces principes rationnels.

Équilibre des dirigeables. Équilibre statique, équilibre dynamique. — Dans l'étude d'un dirigeable il y a plusieurs points à examiner. Le dirigeable, même quand il est au repos, doit se tenir en équilibre dans l'atmosphère et doit pouvoir être manœuvré comme un bon ballon ordinaire (c'est *l'équilibre statique*), mais de plus il faut que, pendant la marche, sous l'action combinée de son propulseur, de la résistance de l'air, de son gouvernail, de sa force ascensionnelle, il conserve une stabilité suffisante et n'exécute pas des mouvements désordonnés de tangage ou de roulis (c'est *l'équilibre dynamique*). Pour réaliser l'équilibre statique d'un dirigeable on peut disposer des mêmes moyens que pour l'équilibre statique d'un ballon ordinaire, c'est-à-dire le lest et l'abandon du gaz, mais il faut remarquer que ce dernier moyen doit être rejeté dans le cas du dirigeable, car l'équilibre dynamique d'un tel instrument est calculé en tenant compte de sa forme et en supposant que cette forme soit invariable. Or qu'arrive-t-il, si nous lâchons du gaz ? Lorsque le ballon descendra, le gaz intérieur se contractera, le ballon ne sera plus rempli, il deviendra, comme on dit, *flasque*,

donc il n'aura plus sa forme primitive, et par conséquent, le centre de résistance de l'air aura changé de
place, ainsi que le centre de poussée ; les conditions
dans lesquelles l'équilibre statique a été calculé ne
sont plus les mêmes, et cet équilibre se trouvera
détruit.

Pour éviter ces inconvénients il n'y a qu'une
chose à faire, c'est de maintenir le ballon toujours
gonflé. Mais, d'autre part, comme nous l'avons
vu précédemment, il est nécessaire de laisser s'é-
chapper le gaz pendant l'ascension ; il faut donc
pendant la descente compléter le volume intérieur du
gaz enfermé dans l'aérostat. Si l'on pouvait emporter avec soi une provision d'hydrogène ce serait évi-
demment la solution la plus simple. On enverrait,
avec une pompe, de l'hydrogène dans l'enveloppe, de
façon à remplacer le gaz disparu ; mais un simple
calcul montre que, pour emporter dans des tubes
l'hydrogène comprimé nécessaire, il faudrait emporter un poids de tubes absolument exagéré. Aussi doit-
on renoncer à employer ce moyen théoriquement
parfait et se borne-t-on à remplacer le volume de l'hydrogène disparu par un égal volume d'air. Toutefois
il n'est pas possible d'envoyer cet air directement
dans l'enveloppe de telle façon qu'il se mélange à
l'hydrogène qu'elle renferme. En effet, on remplace-
rait ainsi un volume de gaz déjà dangereux, parce
qu'il est *inflammable*, par un volume égal d'un
mélange gazeux mille fois plus dangereux, puisqu'il
serait *explosif*.

Le « ballonnet » à air. — On a réussi à résoudre cette difficulté par l'emploi du ballonnet intérieur. Ce ballonnet, l'idée en est due au général Meusnier, qui l'a imaginé en 1784, un an après la découverte de Montgolfier. L'idée de Meusnier est restée complètement dans l'oubli jusqu'en 1872, où elle fut reprise par Dupuy de Lôme. Mais c'est le colonel Renard qui en a démontré toute l'excellence en faisant voir que le ballonnet était pour le dirigeable non seulement un organe utile, mais un organe nécessaire.

On ne peut pas mieux comparer le rôle du ballonnet qu'à celui de la vessie natatoire des poissons. On sait que ces animaux peuvent remplir d'air, à leur gré, une cavité de leur corps, ce qui leur permet de faire varier à leur volonté la poussée que le fluide environnant exerce sur eux. Le ballonnet agit à peu près de la même manière.

Il est constitué par une séparation en toile, placée dans l'intérieur du ballon, de façon à le diviser en deux compartiments dont l'un soit, environ, la cinquième partie de l'autre. Cette séparation en toile, lorsque le ballon est rempli d'hydrogène au départ, s'applique contre la paroi intérieure de l'enveloppe qu'elle recouvre directement comme d'une doublure. Quand le ballon s'élève, l'hydrogène intérieur se dilate et une partie sort librement par la manche d'appendice. Tant que le ballon monte, tout va pour le mieux et l'enveloppe reste complètement pleine d'hydrogène dilaté ; mais le ballon vient-il à descendre, alors l'hydrogène ne le remplit plus et, si l'on n'y prenait garde, l'enveloppe deviendrait flasque.

C'est ici que commence le rôle du ballonnet. Dès que la descente s'accuse, on envoie, à l'aide d'une

(Cl. E. Pirou.)

Le comte de la Vaulx.

pompe, de l'air dans le ballonnet, de façon à le gonfler petit à petit et à lui faire occuper par accroissements successifs tout le volume abandonné par l'hydrogène, qui est sorti pendant l'ascension. Dans ces conditions la forme extérieure du ballon reste la même, ainsi que son volume. La poussée exercée sur lui par l'air environnant n'a donc pas changé ; donc le centre de résistance et le centre de poussée sont à la même place, et l'on comprend immédiatement quelle importance capitale joue un tel organe dans la conduite d'un ballon dirigeable. Il est inutile d'ajouter que le ballonnet à air, excellent pour les ballons dirigeables, est également excellent pour les ballons sphériques libres.

Dans une ascension demeurée justement célèbre et au cours de laquelle il a traversé la Manche pour atterrir dans le nord de l'Angleterre, M. le comte de la Vaulx avait muni son ballon, le *Djinn*, de forme sphérique, d'un ballonnet à air ; grâce à la manœuvre judicieuse et habile qu'il fit de ce merveilleux organe, il put, en s'élevant et en s'abaissant alternativement chercher et trouver les courants d'air qui lui étaient nécessaires pour l'accomplissement de sa traversée aérienne.

Une précaution essentielle à prendre dans la construction du ballonnet est la suivante. Si le ballonnet occupe toute la longueur d'un ballon dirigeable, il est indispensable de le cloisonner par de petites séparations en toile, percées seulement de quelques trous qui assurent le passage lent de l'air de part et d'autre de leur surface. Si l'on ne prenait pas cette précaution, voici ce qui arriverait : lorsque le ballonnet n'est pas complètement plein et que la portion intérieure de son enveloppe n'est pas tendue, l'air pourrait, dans un mouvement d'inclinaison du ballon, refluer tout entier, par suite de son poids, du

(Cl. Branger.)

La *Patrie* évoluant sur les tribunes de Longchamp le 14 juillet 1907.

côté où le ballon s'incline ; et, comme l'air pèse environ un kilogramme par mètre cube, il en résulte qu'on pourrait avoir, à une extrémité, de l'air en surcharge suffisante pour détruire l'équilibre. On conçoit immédiatement que cela ne se produira pas en employant des cloisons.

Le déversement. « Tangage et roulis ». — Un phénomène contre lequel il faut également se prémunir est celui qui est connu des aéronautes sous le nom de *déversement.* Un aérostat dirigeable est, en effet, construit de telle façon qu'au-dessous de son enveloppe est accrochée une nacelle, et c'est sur cette nacelle qu'agissent les moteurs et les propulseurs. Or comme la surface de la nacelle est très petite par rapport à celle du ballon lui-même, l'effort résistant de l'air se portera sur l'enveloppe du ballon, tandis qu'au contraire tout l'effort moteur de la machine et de l'hélice agit sur la nacelle qui est suspendue plus bas. Dans ces conditions la puissance n'est pas directement opposée à la résistance et l'ensemble de ces deux forces qui sont de sens contraire constitue un *couple.* Ce couple aura un « bras de levier » d'autant plus grand que la nacelle sera suspendue plus bas.

Théoriquement l'hélice devrait avoir son arbre dirigé dans l'axe même du ballon, mais cette condition est difficile à remplir. Dans l'impossibilité de la réaliser complètement il faut bien se contenter de la disposition qui consiste à faire agir le moteur sur la nacelle ; seulement on comprend de suite qu'il en résulte une inclinaison pour tout le système, inclinaison qui fait que la nacelle tend à partir avant le ballon, et l'on comprend même que, si la nacelle était suspendue au ballon par des cordes infiniment longues, lorsque le moteur serait en marche, l'action du propulseur se bornerait à soulever la nacelle en inclinant ses cordes à la façon d'un fil à plomb. Dans cette position le moteur, en travaillant, aurait pour effet principal de soulever la nacelle et ne propulserait le ballon que d'une façon tout à fait insignifiante.

C'est ce phénomène qui s'appelle le *déversement*. Ne pouvant pas l'éviter, on calcule l'importance de ce couple qui tend à incliner le système et on en tient compte dans la formule de l'équilibre général du dirigeable.

Ce dont il faut se préoccuper en navigation aérienne, c'est d'éviter le tangage et le roulis. En effet, quand l'enveloppe éprouve des oscillations par trop fréquentes, ces oscillations peuvent avoir pour résultat de déplacer le gaz intérieur et, par conséquent, de changer les conditions d'équilibre. L'étude du tangage et du roulis d'un ballon dirigeable doit donc être faite avec le plus grand soin, si l'on veut garantir la sécurité des passagers.

CHAPITRE XIII

LE PROPULSEUR ET LE MOTEUR

L'hélice propulsive. — Voilà les points essentiels concernant l'enveloppe du dirigeable. Mais cette enveloppe ne doit pas rester passive dans l'espace. Nous avons la prétention de la mouvoir et de la diriger. Voyons d'abord comment on pourrait la mouvoir :

Pour la mouvoir il faut faire agir sur elle un « propulseur », c'est-à-dire un organe commandé par un moteur assez puissant et qui., prenant l'appui sur l'air, dont il utilise ainsi la résistance, pousse en avant l'ensemble de l'aérostat. Le propulseur uniquement employé aujourd'hui, c'est l'*hélice*.

La théorie de l'hélice dans l'air est la même que celle de l'hélice dans l'eau. C'est la même aussi que celle de la vis, qui pénètre, en avançant, dans un morceau de bois, avec cette différence toutefois que, dans un morceau de bois, dès que la vis tourne un peu elle avance, parce que le bois est résistant et ne cède pas sous l'action des filets de l'engin. Dans l'eau, l'hélice est une vis qui pénètre dans un milieu déjà moins résistant, et enfin dans l'air le milieu est infiniment moins résistant que l'eau. Il faudra donc augmenter la surface des ailes de l'hélice et les faire tourner beaucoup plus vite. C'est au colonel Renard que l'on doit également tous les perfectionnements réalisés pour les hélices.

Les hélices employées pour l'aérostation se divisent en deux catégories : les hélices *sustentatrices* et les hélices *propulsives*.

Les hélices sustentatrices semblent avoir relativement moins d'importance immédiate, pour les ballons dirigeables, que les hélices propulsives, mais leur importance est pourtant énorme, car c'est sur elles qu'ont porté les expériences du savant colonel, qui a cherché ainsi les lois pratiques de la résistance de l'air.

Les hélices sustentatrices sont des hélices dont l'axe est vertical et qui, agissant directement dans l'air, ont pour résultat de tendre à soulever un poids. A la suite de ses expériences, le colonel Renard a pu déterminer la forme que doivent avoir les hélices destinées à fonctionner dans l'air, leurs dimensions et la force motrice qu'il faut leur appliquer pour avoir un effort déterminé.

Disons toutefois que, malgré la valeur de ces expériences, tout ce qui est relatif à la résistance de l'air est encore peu éclairci et, malgré les recherches de Renard, malgré celles de Langley et celles de Wellner, la question est encore à résoudre au point de vue définitif.

On peut résumer assez simplement les conditions auxquelles doit satisfaire une hélice. D'abord il ne faut pas donner aux hélices un nombre d'ailes trop considérable, car il ne faut pas oublier que, si les ailes sont nombreuses, chacune d'elles vient agir sur de l'air déjà influencé par sa voisine et qui n'offre plus la même résistance que l'air immobile. Aussi a-t-on réduit le nombre des ailes de presque tous les ballons dirigeables à *deux*. Il ne faut pas oublier que théoriquement, et si l'on n'avait pas à se préoccuper du poids des moteurs, une hélice doit être de faibles dimensions et tourner très vite ; mais, d'autre part, il faut tenir compte du pas de l'hé-

Une hélice de dirigeable.

lice, c'est-à-dire du pas de la vis à laquelle elle appartient et dont elle est une fraction. Pour produire une poussée déterminée il faut une puissance inversement proportionnelle à la poussée qu'elle donne par cheval ; mais, pour avoir cette poussée maxima, l'hélice doit avoir d'assez grandes dimensions et tourner moins vite. C'est donc en étudiant avec soin chaque propriété en particulier que l'on pourra arriver à trouver le juste milieu, c'est-à-dire la forme, les dimensions et la vitesse que doit avoir une hélice pour produire la propulsion que l'on cherche.

En résumé, l'hélice est jusqu'à ce jour un des organes de propulsion les plus parfaits que l'on ait employés pour la navigation aérienne.

Les hélices aériennes, d'une façon générale, ressemblent aux hélices aquatiques. Quelques chercheurs et constructeurs, dans le but d'obtenir une grande légèreté et une résistance suffisante pour les efforts de traction de ces engins, ont pensé qu'il était possible d'équilibrer par des dispositions spéciales les efforts de propulsion et les effets de la force centrifuge qui croissent d'une façon générale suivant les mêmes lois.

Parmi les hélices de ce genre, nous pouvons citer les hélices en bois construites par M. Chauvière, et dont nous donnons ci-contre une photographie. L'emploi du bois a permis d'obtenir une très grande légèreté. Le poids de l'hélice représentée, qui a trois mètres de diamètre, n'est que de sept kilogrammes, et les expériences exécutées au laboratoire d'essais du Conservatoire des arts et métiers ont montré qu'on pouvait faire tourner sans danger, aux vitesses des moteurs actuels, des hélices de ce genre.

Poids excessif des anciens moteurs. — L'hélice

doit être actionnée par un moteur et ce moteur doit
être léger, car nous savons maintenant qu'il est
presque impossible de propulser un ballon dirigeable, comme l'avait espéré Dupuy de Lôme, en
utilisant la force musculaire de ses passagers.

Moteur 120 HP. Bayard.

Aujourd'hui on est arrivé, grâce aux progrès de
l'industrie, à produire des moteurs extrêmement
légers.

D'abord on a renoncé aux moteurs à vapeur,
à cause du danger d'incendie qu'ils présentaient
par le rapprochement d'une chaudière et d'une
masse de gaz inflammable. Il est cependant juste
d'ajouter que la première tentative de dirigeable

a été faite par Giffard avec un ballon fusiforme, actionné par une hélice, mue par un moteur à vapeur. Cette machine pesait 55 kilogrammes par cheval-heure. Dès qu'on a repris les essais de Giffard on a pensé à remplacer les moteurs à vapeur par des moteurs électriques. Les dynamos multiples arrivent très vite à ne peser que 30 kilogrammes par cheval. Il s'agit de dynamos industrielles. Les dynamos construites spécialement pour l'aérostation ont réalisé des poids beaucoup plus faibles. Celles du capitaine Krebs pesaient 2 kilogrammes et demi par cheval. Mais il faut ajouter que, au poids des dynamos, on doit joindre le poids des piles et des liquides nécessaires à les actionner ; pour les piles employées par Tissandier, le poids était de 68 kilogrammes pour un cheval et un tiers pendant deux heures et demie. Pour les piles Renard on arrivait à 22 kilogrammes et demi. On voit donc que les moteurs électriques représentent des moteurs lourds et, quant aux accumulateurs, il faut bien reconnaître qu'ils sont d'un poids encore plus considérable et, par conséquent, inutilisables pour la navigation aérienne.

Les moteurs à explosion. — Les moteurs par excellence que l'on peut appliquer à la direction des ballons sont les moteurs *à explosion*, employés dans les voitures automobiles. Ces moteurs, qui utilisent la pression des gaz produits par l'explosion d'un mélange d'air et de vapeur d'essence de pétrole, ont

aujourd'hui atteint un très grand degré de perfec-
tionnement.

Ils sont d'une mise en route instantanée et le
combustible qui les alimente est un accumulateur
d'énergie extrêmement avantageux. Avec les moteurs
à pétrole le poids du cheval devient de plus en plus
faible, à mesure que la force du moteur augmente.
Ainsi un moteur de 20 chevaux arrive à peser
6 kil. 2 par cheval, soit en tout 124 kilogrammes,
tandis qu'un moteur de 90 chevaux pèsera en tout
288 kilogrammes, soit seulement 2 kilogrammes par
cheval.

On voit donc que l'on peut arriver au poids extrêmement réduit d'environ 3 kilogrammes par cheval-
vapeur. Les constructeurs ont même fait mieux et
pour les besoins spéciaux, non pas du ballon dirigeable, mais de l'aéroplane, ils sont arrivés à réaliser des moteurs extrêmement légers, qui pèsent à
peine un peu plus de 1 kilogramme par cheval. L'industrie française n'a donc pas menti à sa vieille répu-
tation ; on lui a posé un problème dont la solution,
ailleurs, eût semblé impossible, qui, en France
même, était plus que difficile à résoudre : elle l'a
triomphalement résolu.

CHAPITRE XIV

CONSTRUCTION DES DIRIGEABLES

Le gaz et l'enveloppe des dirigeables. — Les dirigeables doivent avoir une force ascensionnelle d'autant plus considérable qu'ils doivent emporter un moteur plus puissant et, par conséquent, plus lourd. Aussi aujourd'hui les construit-on toujours d'un volume important, au moins 2.000 mètres cubes, et, afin de leur donner le maximum de force ascensionnelle, on les gonfle avec de l'hydrogène pur. On réalise donc ainsi le maximum de force ascensionnelle pour ce genre de ballons.

Leur forme, avons-nous dit, est celle d'un poisson dissymétrique et non celle d'un fuseau symétrique. Leurs dimensions sont calculées en tenant compte de la position du centre de gravité et du centre de poussée. Le colonel Renard a déduit de ses calculs qu'il y avait avantage à construire les ballons en forme de poissons et à placer le maître couple, c'est-à-dire la plus grande épaisseur du ballon, au quart de la longueur à partir de l'avant. Dans ces conditions on se trouve à peu près en conformité avec les résultats de la théorie. C'est ainsi que sont construits

presque tous les dirigeables actuels : *Lebaudy,
Ville-de-Paris,* etc.

L'enveloppe du ballon est toujours en étoffe mul-
tiple (coton et caoutchouc). Nous avons dit combien,
aujourd'hui, la fabrication de ces étoffes avait atteint
la perfection ; par conséquent, on a ainsi l'avantage
d'avoir une enveloppe aussi imperméable que possible.

La suspension. — L'enveloppe une fois assemblée,
il s'agit (et ceci est d'une importance capitale) de la
relier à la nacelle sur laquelle doit agir le moteur par
des liens qui assurent à la fois l'intégrité de la trans-
mission de la force et qui, en même temps, répartis-
sent régulièrement les efforts moteurs sur la surface
du ballon de façon à ne point le fatiguer. De plus il
ne faut pas oublier que ces liaisons doivent non seulement transmettre au ballon l'effort du propulseur,
mais encore qu'elles doivent faire supporter à l'enveloppe le poids total de la nacelle, des passagers, du
lest, du moteur, du propulseur et du combustible.
Il faudra donc apporter tous ses soins à cet organe,
intermédiaire entre l'enveloppe et la nacelle. Pour
les premiers dirigeables on avait adopté le classique
filet, employé pour les ballons ordinaires, mais en
navigation aérienne le filet a de graves défauts. Il
transforme la surface *lisse* du ballon en surface *ru-
gueuse* qui, par conséquent, se trouve hérissée d'obstacles (les mailles et les nœuds) qui résistent à l'air en
mouvement.

Le *Santos-Dumont* n° 14.

(Cl. Branger.)

Aussi a-t-on abandonné le filet pour le remplacer d'abord par une « chemise » qui recouvre la presque totalité de la surface supérieure du ballon. Cette chemise est taillée en bandes de façon à réaliser dans son ensemble un système de sangles juxtaposées.

On termine cette chemise par une sorte d'ourlet qui enserre une corde, appelée *ralingue,* sur laquelle sont attachées directement les cordes de suspension. Mais il est évident que l'intervention de cette chemise augmente énormément le poids du ballon : elle arrive presque à doubler le poids de l'étoffe. Aussi les aéronautes ont-ils posé aux constructeurs le problème de coudre la ralingue, non pas au bord d'une chemise appliquée sur le ballon, mais dans l'étoffe du ballon elle-même. L'habileté des constructeurs a résolu la question et aujourd'hui tous les dirigeables sont à ralingues prises sur le corps même de l'aérostat (*Lebaudy,* etc.). Il faut, dans ce cas, déterminer avec le plus grand soin la ligne de contact suivant laquelle la ralingue doit être cousue et qui doit coïncider avec la ligne qui réunirait le point de contact qu'auraient avec le ballon les tangentes qu'on pourrait lui mener de la nacelle.

Pour relier cette ralingue à la nacelle on a également renoncé à se servir de cordages en chanvre. La surface offerte à la résistance de l'air par le chanvre constitue un obstacle très appréciable à la marche du ballon.

Aussi a-t-on remplacé partout dans la construction des dirigeables les cordes de chanvre par des fils d'acier, analogues aux cordes des pianos. Ces fils ont le double avantage d'être très fins, c'est-à-dire d'offrir à l'air une surface très petite et d'être très résistants, puisqu'un fil d'un millimètre carré peut porter plus de 100 kilogrammes sans se rompre. On en fait même aujourd'hui qui arrivent à porter près de 200 kilos. Toutefois ces avantages sont compensés par la difficulté de relier ces fils entre eux et de les fixer sur la ralingue, mais cette difficulté de construction est vaincue par l'habileté des ingénieurs. Il est évident que dans un dirigeable on n'a plus pour la répartition du poids sur l'enveloppe la régularité naturelle que l'on a dans un ballon sphérique. Il faut donc calculer cette répartition avec le plus grand soin, et c'est de cette répartition que dépend la solidité du ballon et par suite la sécurité des aéronautes.

La disposition de l'ensemble des suspentes doit être une figure indéformable et, par conséquent, elle doit former un ou plusieurs triangles, car on sait que les quadrilatères (carrés, rectangles, parallélogrammes, trapèzes) sont par essence des figures déformables, tandis que les triangles ne le sont pas. L'ensemble des fils de suspension doit donc être disposé de manière à former une série de triangles.

La poutre armée. — C'est Dupuy de Lôme qui, le premier, a signalé ces conditions importantes. Toutefois il faut remarquer en outre que les conditions

(Cl. du *Journal*.)

La *Ville-de-Paris* à Issy-les-Moulineaux.

(Cl. du *Journal.*)

de la suspension d'une nacelle sous un ballon long ne sont pas du tout les mêmes que sous un ballon sphérique. La chemise ou le filet ou les ralingues ne doivent pas se contenter de répartir le poids de la nacelle sur la partie centrale de l'aérostat.

S'il en était ainsi, les deux extrémités se relèveraient et le milieu s'affaisserait, quelque soin que l'on prît pour calculer la répartition; l'enlèvement des extrémités tend, d'ailleurs, presque toujours à se produire, comme on peut le voir sur les photographies qui représentent le dirigeable *Lebaudy*. Aussi a-t-on disposé souvent un organe intermédiaire entre le ballon et la nacelle, et cet organe s'appelle *la poutre armée*. C'est une forte barre, légère et résistante, dont la longueur est presque égale à celle du ballon et sur laquelle vont aboutir les fils de suspension. C'est de cette poutre que partent directement les suspentes de la nacelle. Cette poutre armée joue un peu le rôle de cercle de suspension dans le ballon sphérique.

CHAPITRE XV

LA NACELLE. — LE GOUVERNAIL.
LES STABILISATEURS

Nécessité d'une nacelle allongée. — Les nacelles
ne peuvent pas non plus avoir la même forme que
celles des ballons sphériques. Il est certain que la
résistance de l'air impose et donne à la nacelle une
forme allongée et la nacelle retrouve ainsi dans le
ballon dirigeable l'origine même de son nom, parce
qu'elle arrive à ressembler à un bateau, dont elle
prend la forme. Mais, de même qu'il y a des bateaux
courts et des ballons longs, de même il y a des
nacelles de dirigeables courtes et des nacelles longues ; et celle du dirigeable *France*, construit et expé-
rimenté en 1886 par le colonel Renard et qui pour
la première fois réussit à accomplir en l'air, au-
dessus de Paris, un voyage suivant un circuit fermé
et à revenir seul à son point de départ, est le type
des nacelles longues. La nacelle du ballon *Lebaudy*
est beaucoup plus courte, mais cependant sa forme
générale est toujours oblongue, et dans bien des cas,
pour faciliter le glissement des molécules d'air le
long des garde-fous de ladite nacelle, on garnit

ceux-ci de toiles, sur lesquelles l'air glisse avec facilité.

Position de l'hélice. — Quant à l'hélice, la position qu'elle doit occuper est un des points délicats dans la construction d'un dirigeable. Théoriquement son arbre devrait être dans l'axe du ballon, mais cette disposition est presque impossible à réaliser. Aussi se borne-t-on à chercher à la rapprocher autant que possible de l'enveloppe, pour éviter le déversement; mais ici se placent deux conditions contradictoires. Si l'on place la nacelle très près de l'enveloppe, on s'expose au danger causé par le voisinage d'une masse d'hydrogène et d'un moteur qui peut l'enflammer. Si l'on place la nacelle très bas, on augmente le déversement. C'est à la sagacité de l'ingénieur qu'il appartiendra de trouver la position intermédiaire la plus avantageuse.

Quant à la position de l'hélice, une fois la hauteur fixée, ici encore il y a à discuter. Le commandant Renard place l'hélice à l'avant du système, tandis que Giffard et Tissandier l'ont mise à l'arrière; d'autres, comme l'ingénieur Julliot, emploient deux hélices symétriques, placées de chaque côté de la nacelle, vers le milieu du ballon. C'est à l'expérience seule qu'il appartiendra de nous dire quelle est la meilleure de ces dispositions.

Un organe essentiel du dirigeable est le gouvernail. Le rôle du gouvernail sur un ballon est le même que sur un navire. Suivant qu'on incline sa surface à

(Cl. du *Journal*.)   Kapferer.   Surcouf.   Deutch de la Meurthe.

La nacelle de la *Ville-de-Paris*.

gauche ou à droite, le ballon se dirige vers la gauche ou vers la droite. Ses dimensions doivent être calculées en tenant compte de la vitesse qu'on veut imprimer au ballon, en tenant compte aussi de la grandeur de celui-ci, et il doit être placé contre l'enveloppe et non contre la nacelle. Il doit être mû par des fils d'acier, obéissant à un organe de direction placé dans la nacelle, et ces fils doivent être disposés de telle sorte que rien ne puisse gêner leurs mouvements ni les faire mouvoir accidentellement.

Remarquons que, comme dans les sous-marins, on peut adapter à un dirigeable des gouvernails horizontaux, c'est-à-dire des plans qui, primitivement horizontaux, peuvent s'incliner au-dessus ou au-dessous de leur position première. On peut ainsi, quand le dirigeable est en marche, obtenir de petits mouvements d'ascension ou de descente, sans faire la manœuvre du lest ou de la soupape. Il ne semble pas, jusqu'à présent, qu'on ait tiré un parti suffisant de cette disposition indépendante des gouvernails horizontaux et verticaux.

Les stabilisateurs. — Les ballons dirigeables sont munis de plans fixes que l'on appelle *stabilisateurs*. Ces plans ont pour objet principal de présenter à l'air une large surface, lorsque des mouvements imprévus de tangage ou de roulis viennent affecter le ballon. Ils sont donc disposés de façon à présenter leurs tranches au vent pendant la marche, et au contraire à présenter toute l'étendue de leur surface dans le cas d'un mouvement latéral, auquel, ainsi, ils tendent à s'opposer.

Ces stabilisateurs se voient très bien sur le ballon *Lebaudy*. Il y a d'abord un grand plan horizontal au-dessus de la nacelle, et, tout à l'arrière du ballon, une sorte de queue, dessinée par quatre ailettes, deux verticales et deux horizontales. Dans le ballon *Ville-de-Paris*, construit par M. Deutsch de la Meurthe, le stabilisateur d'arrière a été réalisé d'une façon singulièrement ingénieuse, en remplaçant les quatre ailettes du ballon *Lebaudy* par un système de huit cylindres allongés, accouplés deux à deux à l'arrière du ballon. Ces cylindres sont gonflés d'hydrogène, dont la force ascensionnelle contre-balance leur poids. On a ainsi un stabilisateur qui ne surcharge en aucune façon l'aérostat dont il fait partie.

Dimensions et prix des dirigeables. — Les dirigeables modernes, du moins ceux qui ont donné de bons résultats, sont tous des aérostats de grandes dimensions : nous avons insisté, en effet, sur les avantages qu'offraient les ballons de gros cubes. La *France*, de Renard, avait 50 mètres de long sur 8^m,40 de largeur maxima ; le *Lebaudy* avait 58 mètres de long sur 9^m,80 de diamètre, et cubait environ 2.300 mètres cubes ; la *Ville-de-Paris* a une longueur de 62 mètres sur 10 mètres de large, et cube 3.200 mètres ; le *Zeppelin*, ballon allemand, le géant des dirigeables actuels, cubant *douze mille mètres*, a 128 mètres de long sur 11^m,65 de diamètre ; seuls les ballons de

La nacelle du dirigeable *Patrie*.

(Cl. N. D. photo.)

M. Santos-Dumont furent de petite taille : son n° VI avait 33 mètres de long sur 6 de large et ne cubait que six cents mètres. Quant à la *Patrie*, de l'ingénieur Julliot, qui débuta si brillamment et alla se perdre dans l'Atlantique au cours d'un ouragan qui l'emporta, il cubait près de 3.000 mètres. Ajoutons qu'un dirigeable comme la *Patrie* ou la *Ville-de-Paris* coûte entre deux cent et trois cent mille francs.

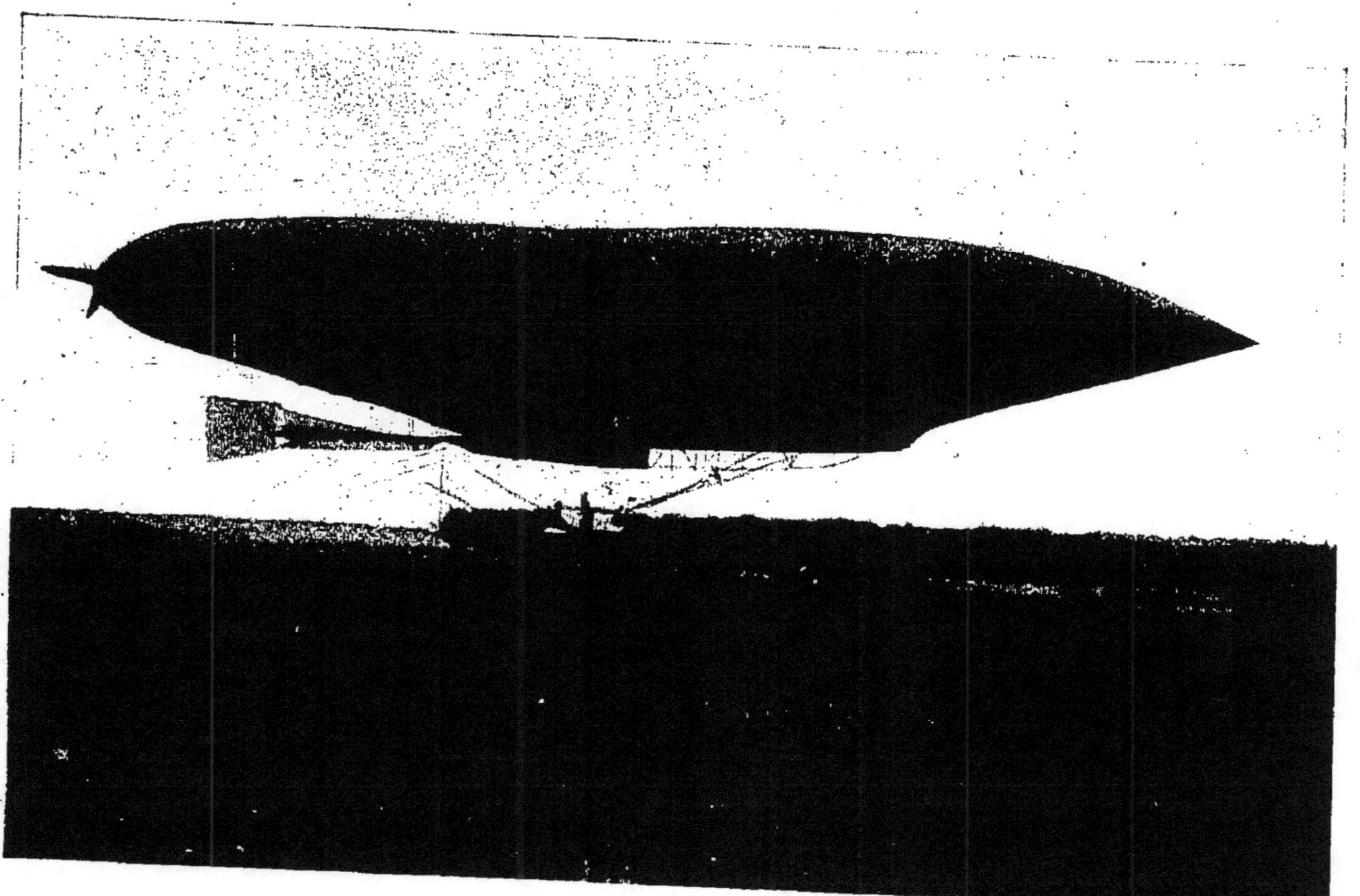

La *Patrie* dans ses premières sorties à Moisson.

(Cl. du *Journal*.)

DEUXIÈME PARTIE

LES APPAREILS D'AVIATION

LES APPAREILS D'AVIATION

Les ballons dirigeables, soutenus par une enveloppe gonflée d'un gaz plus léger que l'air, constituent une solution déjà intéressante de la question de la navigation aérienne, mais ils présentent des inconvénients assez sérieux. Le principal de ces inconvénients c'est l'énorme surface que le corps du ballon présente au vent et c'est cela qui restreint beaucoup l'emploi de ces appareils. Un dirigeable ne peut sortir dans nos climats qu'un nombre limité de jours par an et, si l'on réfléchit à ses applications militaires, il se pourrait que, précisément, au moment où l'on aurait le plus besoin de ses services, il se trouvât immobilisé.

De plus les dirigeables ne sont pas susceptibles d'un service continu et prolongé ; leurs atterrissages et leurs départs successifs ne sont possibles qu'à la condition qu'ils puissent renouveler leur provision de gaz ; cela limite beaucoup l'étendue utile de leur rayon d'action.

Aussi a-t-on cherché depuis longtemps à résoudre

le problème de la navigation aérienne d'une tout autre façon, par exemple en cherchant à se soutenir en l'air à la façon des oiseaux. Ce problème consiste à enlever et à soutenir dans l'air un corps *plus lourd que l'air*.

CHAPITRE PREMIER

LES PRINCIPES DE L'AVIATION

Classification des appareils : ornithoptères, hélicop-tères, aéroplanes. — C'est la solution de cette question qui a passionné de tout temps les savants de toutes les époques. Nous verrons plus tard l'histoire des recherches tentées dans cette direction ; pour le moment disons tout de suite qu'il y a trois manières d'attaquer la question :

1° Imiter purement et simplement le mécanisme du vol « ramé » de l'oiseau à l'aide de deux ou de plusieurs ailes battantes. Les appareils basés sur ce principe sont nommés des *ornithoptères*.

2° Utiliser les propriétés bien connues de l'hélice pour enlever en l'air l'aéronaute et son matériel ; puis cet aéronaute une fois enlevé, se servir d'une autre hélice ou de la première, modifiée dans son inclinaison, pour le propulser dans une direction déterminée. Les appareils construits suivant ce principe se nomment des *hélicoptères*.

3° Prendre à l'oiseau une partie seulement du mécanisme de son vol, celle dans laquelle, une fois arrivé à la hauteur qu'il veut, il étend ses ailes et *plane* dans l'atmosphère, en glissant sur les couches aériennes sans faire aucun mouvement de battement de ses ailes. Les appareils de cette catégorie se nomment des *aéroplanes*...

La solution du principe de l'aviation par les ornithoptères est à peu près abandonnée actuellement Quelques chercheurs persévèrent dans l'étude des hélicoptères, mais la majorité, on peut presque dire l'unanimité des navigateurs aériens, tourne ses efforts du côté de l'aéroplane.

Loi de la résistance de l'air. — L'aéroplane, comme d'ailleurs tous les appareils d'aviation, utilise pour son fonctionnement la résistance de l'air. Nous avons déjà dit un mot de la résistance opposée par l'atmosphère au mouvement d'un solide que l'on déplace dans son sein. Cette résistance obéit à une loi simple. Supposons une surface plane que l'on cherche à mouvoir dans l'air suivant une direction perpendiculaire à son plan. *La résistance de l'air est proportionnelle à la surface du plan et proportionnelle également au carré de la vitesse* dont il est animé ; donc, si l'on veut calculer en chiffres la valeur de cette résistance, il faut multiplier la surface du plan mobile, exprimée en mètres carrés, par la vitesse du vent, exprimée en mètres par seconde, et par un coefficient numérique pratiquement constant et qui est égal à 0,08. Cette loi change un peu si la surface mobile est oblique par rapport au mouvement au lieu de lui être normale. La résistance diminue

(Cl. Fauret.)

Le ballon-parachute de Capazza.
(On distingue nettement le parachute enveloppant la partie supérieure
du ballon.)

avec l'inclinaison de ladite surface sur la direction de son déplacement. Mais le nombre par lequel il faut multiplier la surface et le carré de la vitesse peut atteindre la valeur 0,16, c'est-à-dire le double du coefficient précédent. On voit, par la variabilité du coefficient numérique, qu'une incertitude règne sur la loi de la résistance de l'air au mouvement des corps mobiles. C'est cette incertitude qui fait que les progrès de l'aviation se font presque autant par les tâtonnements expérimentaux que par des calculs auxquels les données font souvent défaut.

Le parachute. — C'est la résistance de l'air qui rend possible et sûr le maniement de l'instrument appelé *parachute*. Un parachute n'est autre chose qu'un vaste parapluie en toile résistante, aux baleines duquel serait accroché une corde de sustentation supportant une petite nacelle. Un homme se place dans cette nacelle et s'abandonne dans l'air en se laissant tomber. La résistance de l'air sur le parachute ralentit tellement sa chute qu'il arrivera à terre avec une vitesse assez faible pour que la descente et l'atterrissage soient inoffensifs.

Avec un parachute de 100 mètres carrés de surface pesant 30 kilogrammes et contenant une personne qui en pèse 70, ce qui fait en tout 100 kilogrammes, c'est-à-dire un peu plus de 1 kilog par mètre carré de surface du parachute, la vitesse en arrivant au sol est d'environ 1ᵐ,40 par seconde. On peut dire que, dans ces conditions, c'est une descente tranquille et non une chute que fait l'aéronaute. Les soubresauts que ces appareils éprouvaient à leur début, soubresauts qui rendaient la descente pénible et même dangereuse, sont évités par la présence d'un trou rond, disposé au milieu de l'enveloppe en forme de parapluie, et qui facilite l'écoulement de l'air qu'elle comprime pendant sa descente. Le parachute se trouve ainsi être pour le ballon une véritable « chaloupe de sauvetage » et il permet au voyageur aérien d'envisager sans effroi l'éventualité d'une fuite dans l'enveloppe de son ballon. L'aéronaute français Capazza a même perfectionné le parachute en en faisant une partie intégrante du ballon. A cet effet il remplace le filet de celui-ci par une chemise hémisphérique, recouvrant l'hémisphère supérieure du ballon. Par suite d'un accident quelconque le ballon vient-il à crever ? aussitôt l'appareil tombe vers la terre, mais la chemise supérieure constitue un parachute qui continue à supporter la nacelle et qui lui fait effectuer une descente tranquille.

Le parachute-lest. — Capazza a fait du parachute une autre application très intéressante, qu'il appelle le *parachute-lest* et qui permet à l'aérostat de s'élever dans l'air d'une certaine quantité sans perdre complètement le lest qu'il serait obligé de jeter pour cela. A cet effet la plus grande partie du lest est logée dans la nacelle d'un petit parachute et ce parachute est relié au ballon par une corde de 300 ou 400 mètres de longueur. L'aéronaute veut-il monter ? il jette, en déroulant cette corde, le parachute et le lest par-dessus le bord. Le lest tombe, le parachute s'ouvre par la résistance de l'air et le ballon subitement délesté monte de la longueur de la corde qui le relie au parachute. En vertu de sa vitesse acquise il dépasse

L'aéroplane Blériot dans ses premiers essais à Bagatelle.

même un peu cette longueur en entraînant le parachute avec lui. Il peut ainsi chercher des courants d'air plus avantageux pour la direction dans laquelle il veut aller. Arrivé à cette nouvelle hauteur il a dépassé sa zone d'équilibre. Mais l'aéronaute peut rentrer le parachute à bord en tirant sur la corde. Il peut ainsi ramener le lest à bord sans résistance, car, en raison même de sa construction en forme de parapluie, le parachute qui s'est ouvert à la descente se referme tout seul quand on le remonte.

Le parachute-lest permet donc au navigateur aérien d'exécuter une série « d'oscillations en hauteur » sans lâcher son gaz et sans perdre son lest. On voit combien peut être précieuse dans certains cas l'adjonction de cet ingénieux organe.

Une application très importante de la loi de la résistance de l'air s'est montrée récemment d'une façon désastreuse, lors de la perte du dirigeable militaire *Patrie*. Le souvenir de l'accident est encore présent à toutes les mémoires. Par suite d'une petite avarie arrivée à son moteur, le ballon dut atterrir en pleine campagne. Le vent s'étant élevé, on fit venir une compagnie d'infanterie dont les hommes avaient pour mission de retenir les cordes de manœuvre. Le vent vint à fraîchir et sur l'énorme surface présentée par le travers du ballon, l'effort du vent fut tel qu'il eut raison de la force musculaire des 120 hommes qui le retenaient et que l'aérostat partit à la dérive, emporté par la tempête. Il offrait, en prise au vent, une surface dont la projection était, au minimum, de 350 mètres carrés. La vitesse du vent était au moins de 20 mètres à la seconde : c'était donc un effort de près de 12.000 kilogrammes que le vent exerçait sur l'enveloppe de l'aérostat, effort que les efforts réunis de 120 hommes se trouvèrent, naturellement, impuissants à maîtriser.

Le cerf-volant. — La première application que nous ferons de la résistance de l'air sera pour expliquer le fonctionnement d'un appareil qui, d'abord jouet d'enfant, est en train de devenir l'organe fondamental de la conquête de l'air par l'homme. Je veux parler du *cerf-volant*.

Tout le monde sait ce que c'est qu'un cerf-volant : c'est une surface de toile légère ou de papier fort, tendue sur un cadre de bois léger, lestée par une

(Cl. du *Journal*.)

L'aéroplane de Santos-Dumont.

« queue » et retenue au sol par une longue ficelle... Le vent agit sur la surface du cerf-volant et exerce sur lui une pression proportionnelle à cette surface et proportionnelle au carré de sa vitesse. Grâce à la ficelle qui le retient et à la queue qui le leste, le cerf-volant se présente obliquement à l'action du vent, qui tend à la fois à l'enlever avec lui et à le faire monter. A cause de son obliquité, le cerf-volant se trouve soumis à l'action de trois forces : *celle du vent*, qui tend à la fois à l'élever et à l'entraîner, l'action de la *pesanteur*, qui tend à le faire tomber, et enfin la *résistance de la ficelle*, qui tend à le retenir. De ces trois forces, deux sont constantes. Ce sont le poids de l'instrument et la résistance de la corde que nous supposerons toujours suffisamment forte pour ne point se rompre. Il y a donc une force variable, c'est la pression due à la vitesse du vent. Si celle-ci prend une valeur suffisante, le système pourra se tenir en équilibre et même s'élever dans l'air. C'est ce que montre l'expérience journalière.

Le cerf-volant simple, on peut même dire classique, se compose de deux petits bâtons en croix dont les extrémités sont reliées par des fils bien tendus. Ces fils dessinent un quadrilatère dont les bâtons forment les diagonales. Le bâton le plus long n'est pas coupé en son milieu par le plus court, mais à peu près au tiers de sa longueur. Sur le cadre ainsi préparé on colle du papier; à la partie inférieure du bâton le plus long on accroche une « queue » formée d'une ficelle portant plusieurs nœuds d'étoffe ou de papier. Enfin trois cordelettes disposées en « patte d'oie » partent des trois sommets supérieurs et vont se réunir en un point où s'attache la ficelle qui retient l'appareil. Tel est le cerf-volant qui nous a servi de jouet dans notre enfance et qui est d'une construction et d'un maniement simple.

On peut rendre cet instrument plus puissant en multipliant le nombre des surfaces planes sur lesquelles le vent peut agir. On peut par exemple attacher plusieurs cerfs-volants l'un à la suite de l'autre, en tandem. On a utilisé ce dispositif à Paris où des cerfs-volants servaient à soutenir dans l'air une longue oriflamme portant une réclame en carac-

tères énormes. On peut aussi remplacer le cerf-
volant unique par deux cerfs-volants rapprochés
l'un de l'autre et réunis par une paroi, constituant

(Cl. du *Journal*.)

M. Santos-Dumont.

une sorte de boîte. Ce sont les *cerfs-volants prisma-
tiques* ou *cellulaires* qui, perfectionnés par l'Anglais Hargrave, peuvent enlever dans l'air jusqu'à
4.000 mètres et même davantage des instruments
météorologiques enregistreurs et servir ainsi à l'é-

tude de la haute atmosphère. Ce système a été encore perfectionné par un savant ingénieur français, M. Lecornu, qui a multiplié le nombre des surfaces agissantes en construisant un cerf-volant *multi-cellulaire* dont la valeur pratique a été démontrée par de nombreuses applications.

Fonctionnement du cerf-volant. — C'est une expérience journalière que le cerf-volant s'élève d'autant mieux que le vent est plus fort. Il semble donc qu'il soit impossible de faire monter un de ces appareils quand il n'y a pas de vent. Mais il ne faut pas oublier que le vent est une chose *relative* et non pas une chose absolue. Le vent, c'est le déplacement des molécules d'air par rapport aux objets terrestres, et l'impression que l'on reçoit en sera la même si c'est l'objet terrestre qui se déplace par rapport aux molécules d'air. On peut donc (et les enfants le savent bien) enlever un cerf-volant même quand il n'y a pas de vent, à condition d'en produire soi-même. Et pour en produire les enfants font une chose bien simple : ils courent à toute vitesse en tirant derrière eux la ficelle attachée au cerf-volant. Si leur course est assez rapide et si le cerf-volant est assez léger, celui-ci s'élève immédiatement. Il tombe à terre dès que les petits coureurs s'arrêtent.

Principe de l'aéroplane. — Tel est le principe admirablement simple sur lequel repose tout le fonctionnement de l'aéroplane.

L'aéroplane est un cerf-volant que l'on fait partir en l'absence de vent, soit à l'aide d'un véhicule (une rapide automobile ou un bateau à grande vitesse) qui le traîne rapidement en le forçant à s'élever au

(Cl. du *Journal*.)

Le moteur 7 cylindres Esnault-Pelterie.

bout d'une corde, soit, surtout, en le munissant d'un moteur et d'un propulseur qui le poussent en avant sans avoir à faire intervenir une traction qui relie l'appareil à la terre.

Le moteur actionne une hélice et tend à pousser l'appareil en avant. La surface plane inclinée glissera sur les couches atmosphériques, et dès que la vitesse du système sera suffisante, si la surface du plan sustentateur est assez grande pour opposer à l'air une résistance assez considérable et si l'ensemble de l'appareil et de son moteur est assez léger, l'appareil s'élèvera en l'air et s'y maintiendra. Si la vitesse vient à augmenter, l'appareil avancera plus vite et s'élèvera ; si la vitesse diminue, il avancera moins vite et tombera vers la terre.

Entre ces deux cas extrêmes, on conçoit qu'il soit possible de trouver un régime de vitesse telle que l'appareil avance sans monter ni descendre, en restant toujours à la même hauteur au-dessus du sol, dans des conditions telles qu'à chaque instant il y ait équilibre entre les trois forces fondamentales qui sont : le poids de l'appareil, qui tend à le faire tomber, la résistance de l'air, qui tend à le faire monter, et l'action de son propulseur, qui tend à le faire avancer. Si l'une de ces trois forces vient à faire défaut, l'équilibre est rompu. Par conséquent, si le mouvement du propulseur vient à s'arrêter, en un mot si le moteur a « une panne », l'appareil tombe immédiatement.

CHAPITRE II

DIVERS TYPES D'AÉROPLANES

Construction d'un aéroplane. — D'après cela, on voit immédiatement comment doit être construit un aéroplane. Il doit d'abord et avant tout comporter une surface large et résistante. C'est elle qui s'appuiera sur l'air d'autant plus qu'elle sera plus grande, et avec d'autant plus de sûreté qu'elle sera plus solide. Quant à la pesanteur, elle agira d'autant moins sur la surface de sustentation que ladite surface sera plus légère.

Tantôt on emploie une seule surface, tantôt on en emploie deux situées dans le même plan et entre lesquelles se placent l'aéronaute et le moteur, tantôt enfin on adopte la division prismatique ou même cellulaire que nous avons vue dans certains cerfs-volants. A cette surface, ou à ces surfaces, doit être reliée d'une façon rigide la petite nacelle qui contient le voyageur et le moteur, et sur laquelle agit le propulseur.

Les liaisons qui relient entre elles la surface plane et la nacelle doivent être faites de fils ou de tubes d'acier, à la fois solides et offrant peu de surface à l'air qui pourrait s'opposer à la marche ; de plus, l'instrument doit être pourvu d'organes de direction multiples et qui permettent de l'incliner soit dans le sens de la hauteur, pour le faire monter ou descendre, soit dans le sens latéral, pour le faire dévier à droite ou à gauche de sa route. Enfin — et ceci est très important — il ne faut pas oublier qu'un aéroplane ne peut se soutenir en l'air

(Cl. du *Journal*.)

M. Robert Esnault-Pelterie.

qu'à condition d'avoir une grande vitesse. Un tel engin reposant à terre ne peut donc pas s'élever sur place. Il est nécessaire de lui communiquer d'abord une vitesse horizontale, indispensable à son glissement sur les couches d'air, c'est-à-dire le *lancer*.

À cet effet l'appareil doit être monté sur des roues très légères, identiques aux roues de bicyclettes.

L'appareil reposant sur un terrain plat et horizontal, on met le moteur en marche, et le propulseur (une hélice) se met à tourner. Grâce à la réaction de l'air sur les ailes, l'hélice fait avancer tout le système, qui, à ce moment, n'est encore qu'un chariot roulant sur le sol, chariot dont la vitesse va en s'accélérant. A mesure que s'accélèrent les rotations du moteur, les ailes étant légèrement inclinées et relevées vers l'avant, l'action de l'air sur elles augmente ; cette action, — qui est proportionnelle au carré de la vitesse, — finit par devenir suffisante pour contre-balancer l'action de la pesanteur, les roues s'élèvent, cessent d'être en contact avec le sol, l'appareil plane. A partir de ce moment il est « aéroplane » et prend possession de l'élément aérien.

Telle est dans toute sa simplicité la constitution du véhicule qui va peut-être faire d'ici quelques années la conquête définitive de l'atmosphère.

Difficultés de la question. — Puisque cet engin est simple, on est tenté de se demander pourquoi cette conquête n'a pas été faite depuis longtemps.

C'est que bien des difficultés se présentent lorsqu'il s'agit de réaliser l'appareil.

D'abord, dans la conception de l'instrument, il y a la forme et la disposition des ailes sustentatrices. Les faut-il planes, concaves ou convexes ? en faut-il une ou plusieurs, et, dans ce cas, les faut-il disposer en forme de V ou de A ? y a-t-il avantage à adopter la forme cellulaire ? Autant de questions qui ont été et sont encore longuement discutées dans les séances du comité technique de l'Aéro-Club et de la Société française de navigation aérienne. Il y a ensuite deux conditions qui semblent incompatibles : ce sont la légèreté et la solidité. L'habileté des constructeurs mise au service de l'ingéniosité des aviateurs est arrivée à bout de ces deux difficultés premières. En France, certains ateliers parisiens peuvent construire des cadres d'une légèreté très grande en même temps que d'une rigidité et d'une solidité suffisantes.

Mais la grosse question, c'est le poids du moteur et du propulseur.

Il ne faut pas oublier que la force musculaire de l'homme est insuffisante à réaliser l'aviation et qu'il faut faire appel à la force motrice d'une machine. Jusqu'à présent les moteurs à explosion ou à essence, les seuls qui présentent une légèreté suffisante, étaient encore trop lourds pour les services qu'on leur demandait. Toutefois, dans ces dernières années, on peut même dire dans ces derniers mois, les constructeurs ont réalisé de véritables tours de force : ils sont arrivés à faire des moteurs tels que leur poids, en ordre de marche, ne dépasse pas $1^{kg},200$ à $1^{kg},300$ par cheval-vapeur. Aussi a-t-on vu dans la dernière moitié de 1907 de remarquables essais d'aviation, dans l'un desquels un audacieux sportsman, M. Henry Farman, a pu parcourir d'un seul « vol » une longueur de 775 mètres en cinquante-deux secondes, c'est-à-dire que l'intrépide aéronaute a réalisé avec un appareil plus lourd que l'air un parcours de près

L'aéroplane Esnault-Pelterie près de l'étang du Trou-Salé à Buc.

(Cl. du *Journal*.)

d'un kilomètre en maintenant une vitesse de 53 kilo-

(Cl. du *Journal*.)

M. H. Farman.

mètres à l'heure. Cela se passait le 26 octobre 1907.
Et trois mois après, le 13 janvier 1908, Farman enle-

vait la coupe Deutsch-Archdeacon en parcourant un kilomètre en circuit fermé.

Cette triomphale performance a été accomplie au champ de manœuvres d'Issy-les-Moulineaux, en présence de délégués officiels de l'Aéro-Club de France : l'aéroplane de Farman, à deux cellules, était muni d'un moteur « Antoinette », de 50 chevaux, pesant seulement 80 kilogrammes et fonctionnant avec une régularité parfaite. Deux poteaux étaient plantés, à 50 mètres de distance l'un de l'autre. L'aviateur devait passer entre eux, au départ et au retour, et aller doubler un troisième poteau placé à 500 mètres de la ligne de départ. Farman accomplit ce circuit fermé en une minute vingt-huit secondes, soit environ 50 kilomètres à l'heure, si l'on tient compte des détours nécessaires pour le virage. Il gagna ainsi le prix de 50.000 francs offert par MM. Deutsch de la Meurthe et Archdeacon au premier aviateur qui accomplirait, d'un seul vol, sans toucher terre, un circuit fermé de 1.000 mètres.

Il faut, en saluant les courageux et savants aéronautes qui, les premiers, soit en aéroplane, soit en dirigeable, ont eu la gloire de couvrir de pareils « records », adresser aussi un hommage reconnaissant aux généreux donateurs qui les encouragent de leur fortune : eux aussi auront bien mérité de la science ; c'est grâce à eux qu'une noble émulation s'est emparée des chevaliers de l'air, et, à côté de ceux-ci, ils ont droit à leur part de gratitude. Nous sommes donc heureux de rappeler ici les noms du prince de Monaco,

de Lebaudy, d'Archdeacon, de Deutsch de la Meurthe,
d'Armengaud, et d'autres encore que j'oublie.

Description de l'aéroplane Farman. — L'appareil
de Henry Farman, que nous prendrons comme type,
étant donnée la brillante démonstration qu'il a four-

Aéroplane de H. Farman dans son vol à Issy-les-Moulineaux.

nie de sa valeur pratique, est du type *cellulaire*. Il
se compose d'une grande *cellule d'avant*, fournie
de deux plans parallèles de 10 mètres 20 centimètres
d'envergure, séparés l'un de l'autre par une distance
verticale de 1ᵐ,50, et reliés, par une poutre, légère
et solide, longue de 4ᵐ,50, à une *cellule d'arrière*
de 6 mètres sur 2, munie d'un empennage stabilisateur spécial. C'est au centre de cette cellule-arrière
que se trouve le gouvernail *de direction*, celui qui

sert à faire les virages horizontaux. Quant au gouvernail *de hauteur*, celui que les aviateurs, dans leur langage technique, appellent « l'élévateur », il est placé en avant de la cellule-avant, sur lequel reposent également le moteur, le propulseur et la petite nacelle où prend place l'aéronaute.

L'armature, légère autant que résistante, est en bois de frêne et recouverte d'étoffe vernie. C'est à M. Voisin que l'on doit la construction de ce remarquable aéroplane. Quant au moteur, d'un fonctionnement parfait, il porte la marque « Antoinette » et a été construit par M. Levavasseur : il est de 50 chevaux et pèse, tout compris, 80 kilogrammes. Il comporte huit cylindres. L'hélice est placée à l'arrière du plan sustentateur : elle a $2^m,10$ de diamètre. La surface totale de l'aéroplane est de 52 mètres carrés, sa longueur est de 10 mètres, son envergure de $10^m,20$. L'ensemble est monté sur un chariot à roues dirigeables. Disons enfin, pour terminer, que le prix commercial d'un appareil semblable est d'environ trente-cinq mille francs : l'aéroplane est donc moins cher que le ballon dirigeable.

Les premiers essais : Otto Lilienthal. — Ce n'est pas du premier coup que ce résultat a été obtenu. Si l'aviation a suscité bien des recherches, il est incontestable qu'il n'y a pas longtemps que le but a été atteint. L'un des premiers expérimentateurs qui aient fait des essais systématiques et réussis fut l'Allemand Lilienthal. Il n'avait, d'ailleurs, pas l'ambition de réaliser d'emblée un appareil d'aviation destiné à faire des voyages. Il avait seulement construit deux sortes d'ailes qui s'adaptaient à ses bras et qui étaient munies d'une queue servant à la direction. Il s'élançait d'une certaine hauteur, par exemple en descendant une colline et en courant contre

(Cl. du *Journal*.)

Un vol de l'aéroplane Esnault-Pelterie.
à Buc (Trou-Salé).

le vent, les ailes abaissées. Puis il relevait peu à peu la surface des ailes en portant les pieds en avant, de façon que l'appareil fût forcé à s'incliner pour ramer contre le vent.

Dans ces conditions Lilienthal est arrivé, à plusieurs reprises, à parcourir des distances allant jusqu'à 300 mètres sans toucher terre. Il a même pu dans des circonstances particulièrement favorables s'élever pendant un certain temps au-dessus du niveau de son point de départ et il avait fait une quantité considérable d'expériences de ce genre, toutes également réussies, quand en 1896, son appareil s'étant retourné, il fit une chute de 80 mètres dans laquelle il se brisa la colonne vertébrale.

Les lauréats de l'aviation : Santos-Dumont, Henry Farman. — Il faut citer, au point de vue de l'histoire, les projets de Tatin, de Langley, de Maxim ; je mentionne aussi les résultats très discutés des frères Wright ; mais ce n'est que dans ces derniers temps que la question a vraiment fait des progrès et que des résultats positifs ont été obtenus. Naturellement au premier rang des chercheurs il faut nommer, comme dans la question des dirigeables, Santos-Dumont. Il fut l'un des premiers à se lancer dans la construction des aéroplanes, et, de même qu'il eut la gloire de conquérir la coupe Deutsch pour le premier dirigeable qui, parti de Saint-Cloud, doublerait la tour Eiffel et reviendrait à son point de départ, de même il eut la gloire de conquérir le premier, en novembre 1906, la coupe Archdeacon, offerte par ce généreux sportsman au premier aviateur qui, monté sur un appareil plus lourd que l'air, parcourrait 150 mètres en ligne droite. Mais ceci a été bien dépassé depuis, comme nous l'avons vu, par les triomphales sorties de Henry Farman, qui, après des essais magnifiques, le 26 octobre 1907, a gagné le 13 janvier 1908 la coupe offerte par MM. Deutsch de la Meurthe et Archdeacon au premier aviateur qui parcourrait 1 kilomètre en circuit fermé sans toucher terre. Il reste à enlever le prix de 10.000

(Cl. du Journal.)

L'aéroplane à moteur *Antoinette* du capitaine Ferber,
en construction.

francs offert par M. Armengaud au premier aviateur
qui restera un quart d'heure en l'air, quel que soit le
chemin parcouru ; le prix de 25.000 francs, offert, en
Angleterre, au premier aviateur qui parcourra un
mille anglais en ligne droite (1.609 mètres) et le *prix
d'aviation* de 50.000 francs offert par la Belgique. De
nombreux sportsmen s'entraînent à la conquête de ces
trophées sportifs, magnifiques moyens d'émulation
pour les navigateurs aériens. Citons d'abord Henry
Farman, le vainqueur de la coupe Deutsch ; M. Blériot
et M. Delagrange ; M. Esnault-Pelterie qui a réalisé
dans la construction et dans la disposition des cylindres de son moteur, qui sont au nombre de 7, des
perfectionnements de premier ordre ; le comte Henri
de la Vaulx, que l'on rencontre toujours au premier
rang de ceux qui cherchent à trouver, sur la route de
l'air, des perfectionnements rationnels expérimentés ;
le capitaine Ferber qui met au service de l'aviation
sa longue expérience d'aérostier, M. Gastambide, etc.
Il faudrait encore citer beaucoup d'autres noms, car
la liste est longue de ceux qui cherchent à conquérir
l'élément aérien.

Tous ces appareils fonctionnent, tous peuvent
s'élever de terre et se sont élevés ; et quand on
constate un résultat *positif* comme celui qu'a obtenu
Henry Farman, on comprend qu'on se trouve en
présence de faits acquis, indiscutables : il n'y a plus
à *imaginer*, il n'y a plus qu'à perfectionner, autant
que faire se pourra, un engin qui permet à l'homme
de s'élever dans l'air et de s'y diriger à son gré.

Ce qui reste à faire. — C'est que, en effet, il faut bien se rappeler, comme nous l'avons dit pour le cerf-volant, qu'un arrêt dans le mouvement, c'est-à-dire une panne de la machine, comporte la chute immédiate; et, si, cette chute se fait d'une certaine hauteur, c'est la mort certaine de l'aéronaute. Les voyageurs de l'air sont donc actuellement obligés de se tenir à très faible hauteur, à deux ou trois mètres au plus, et l'expérience a montré qu'ils éprouvent certaines difficultés à décrire une courbe fermée, autrement dit à faire des trajets « en boucle » leur permettant de retourner à leur point de départ. Les conditions d'équilibre de l'aéroplane déviant de sa route sont, en effet, précaires. Les trois forces qui interviennent dans cet équilibre supposent, pour son calcul, qu'elles sont seules à agir, et, dès que l'on tente un virage, il y a une quatrième force qui intervient, et avec laquelle il faut compter forcément : c'est la *force centrifuge,* qui dépend du rayon de la circonférence décrite en virant et de la vitesse avec laquelle se fait le virage. Il y a, en outre, un cinquième élément : l'inégale résistance de l'air sur les deux ailes pendant le virage. En effet, l'aile qui est à l'extérieur a forcément une vitesse linéaire plus grande que celle qui est *en dedans* de la boucle décrite, et, comme la résistance de l'air est proportionnelle au carré de la vitesse, on voit immédiatement que cette résistance n'est plus la même sur tous les points du plan sustentateur dès que celui-ci décrit une courbe. Il y a donc là une très grosse difficulté à vaincre.

Pratiquement, ce qu'il faut rechercher avant tout, c'est la suppression des risques de chute. Il faut donc que les constructeurs arrivent à diminuer encore de la moitié au moins le poids du moteur. Quand ce résultat sera atteint, on pourra sur un aéroplane, avec

(Cl. du *Journal.*)

Capitaine   Deutsch   Farman.   Blériot.   Santos-
Ferber.   de la Meute.   Dumont.

Quelques adeptes du « plus lourd que l'air ».

le même poids de machines, doubler la puissance du moteur et cette puissance, au lieu de la mettre sur un seul engin, on la répartirait entre deux moteurs séparés et indépendants, dont un seul devrait suffire, à lui seul, à soutenir et à propulser l'appareil.

Dans ces conditions, si un accident se produit à l'une

des machines, il n'y a pas de raisons pour qu'il se produise exactement, au même moment, à l'autre, et par conséquent les voyageurs seraient ainsi garantis contre la chute. Alors il serait possible de chercher à perfectionner davantage les organes de direction et à voir ce qu'il faut faire pour pouvoir effectuer avec sûreté les divers virages que l'on peut avoir à faire au cours d'une excursion.

On voit donc que, si la question des aéroplanes n'est pas seulement une espérance et se trouve déjà au rang des réalités, cependant la navigation par le « plus lourd que l'air » n'est pas encore réalisée d'une façon pratique. Les efforts des chercheurs sont d'ailleurs trop nombreux, ceux-ci ont trop de compétence et trop de courage pour que la solution définitive tarde longtemps, et l'on peut espérer que dans un avenir très prochain nous verrons des navires aériens sillonner les airs avec une vitesse effrayante. Car il faut remarquer que *les vents contraires, si désavantageux pour les ballons dirigeables, sont pour les aéroplanes un élément de succès.* En effet, à condition que le moteur de l'appareil aviateur soit suffisant, la vitesse du vent en sens contraire de la marche s'ajoute, pour la sustentation, à la vitesse de propulsion de l'aéroplane lui-même. On se trouve, dans ce cas, dans les conditions d'un cerf-volant qui aurait assez de vent pour s'élever tout seul et que, par-dessus le marché, un coureur traînerait derrière lui contre le vent, à toute vitesse, pour le faire monter encore plus haut.

CHAPITRE III

HÉLICOPTÈRES ET ORNITHOPTÈRES

Les hélicoptères. — Les hélicoptères sont des appareils basés sur l'action sustentatrice de l'hélice. D'innombrables joujoux ont été faits pour réaliser en petit des hélicoptères. Les plus connus sont ceux dans lesquels un petit hélicoptère de papier mu par la torsion d'un ressort de caoutchouc tordu s'élève en l'air aussi longtemps que le caoutchouc se détord. Mais les hélicoptères jusqu'à présent n'ont pas donné de résultats vraiment pratiques. Cela tient sans doute à ce que, malgré les travaux de Renard et de Walker, la théorie complète de l'hélice sustentatrice n'est pas encore faite. Cependant le colonel Renard, dans une note célèbre présentée à l'Académie des sciences en 1903, avait démontré la possibilité d'élever un appareil volant portant un passager à l'aide d'une hélice, en employant un moteur à essence du type actuel.

L'idée du colonel Renard a été réalisée, grâce à la générosité du prince de Monaco, par l'ingénieur Léger. L'hélicoptère Léger, actionné par un moteur de six chevaux, pèse 85 kilogrammes. Il a pu parfaitement s'élever en emportant, outre les 85 kilogrammes de son propre poids, une surcharge de 100 kilogrammes dans laquelle entrait pour 75 kilogrammes le poids du docteur Richard, directeur du Musée océanographique de Monaco. Ces expériences ne sont malheureusement pas absolument concluantes, car dans aucune d'elles l'appareil n'emportait son moteur, qui était resté à terre.

Nous n'avons donc au point de vue des hélicoptères, comme résultats, ou que des jouets, ou que des promesses. Pourtant ces appareils n'ont pas dit leur dernier mot et il se pourrait que l'avenir fût dans leur combinaison heureuse avec l'aéroplane : c'est ce que vient d'essayer avec succès M. Bréguet dans son nouvel appareil d'aviation qu'il nomme le *gyroplane*. Cet appareil n'est pas autre chose qu'un aéroplane muni, en outre, d'une hélice sustentatrice qui lui permet, au départ, de s'élever *sur place*, au lieu d'être obligé de faire faire un long parcours sur le sol pour effectuer son *lancement*.

Les ornithoptères. — Restent les *ornithoptères*. C'est le problème des ornithoptères qui a, dès le début de l'aérostation, le plus excité les aéronautes, parce qu'on le voit résolu tous les jours par les oiseaux ; aussi les partisans de ce mode de locomotion affirment-ils avec autorité que la solution du vol *ramé*, comme celui de l'oiseau, est seule possible parce que, disent-ils, c'est celle que réalise la nature. Il est facile de répondre à cette affirmation. Si l'on se bornait à copier seulement la nature, nous habiterions des terriers au lieu de confortables maisons. La nature, certes, nous fournit de précieuses indications dont il serait absurde de ne pas tenir compte; mais elle laisse ouverte la route du progrès, par le fait même qu'elle nous a donné un cerveau pour le concevoir. Elle n'a pas inventé les machines tournantes et cependant c'est en utilisant des mouvements de rotation que l'homme est arrivé à produire à la surface de la terre des vitesses de déplacement infiniment plus grandes que celles des animaux les plus rapides. C'est par les ma-

(Cl. du *Journal*.)

M. Blériot.

chines à rotation que sur la mer l'homme est arrivé à réaliser la vitesse prodigieuse de 38 *nœuds*, soit près de 74 kilomètres à l'heure, vitesse qui dépasse celle de presque tous les poissons et qui égale celle des plus rapides d'entre eux. Par conséquent, rien ne nous dit qu'en matière de navigation aérienne les machines à arbre tournant ne maintiendront pas aussi leur supériorité. Ce qui est certain, c'est que toutes les tentatives faites pour imiter le vol des oiseaux, et plus particulièrement la façon de s'élever

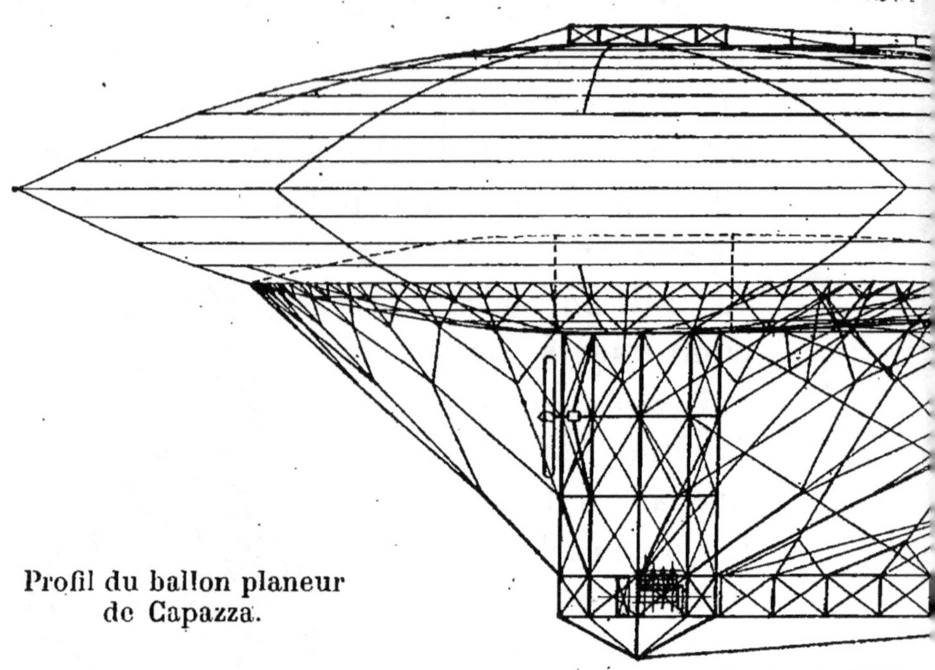

Profil du ballon planeur
de Capazza.

de ceux-ci en battant des ailes, c'est-à-dire en réalisant le vol *ramé*, ont pratiquement échoué. Donc
aujourd'hui on peut dire que la seule méthode qui
permette d'entrevoir à brève échéance une solution
utilisable, c'est la méthode des aéroplanes ; mais,
comme nous l'avons vu plus haut, la forme définitive
et sûre est encore à trouver.

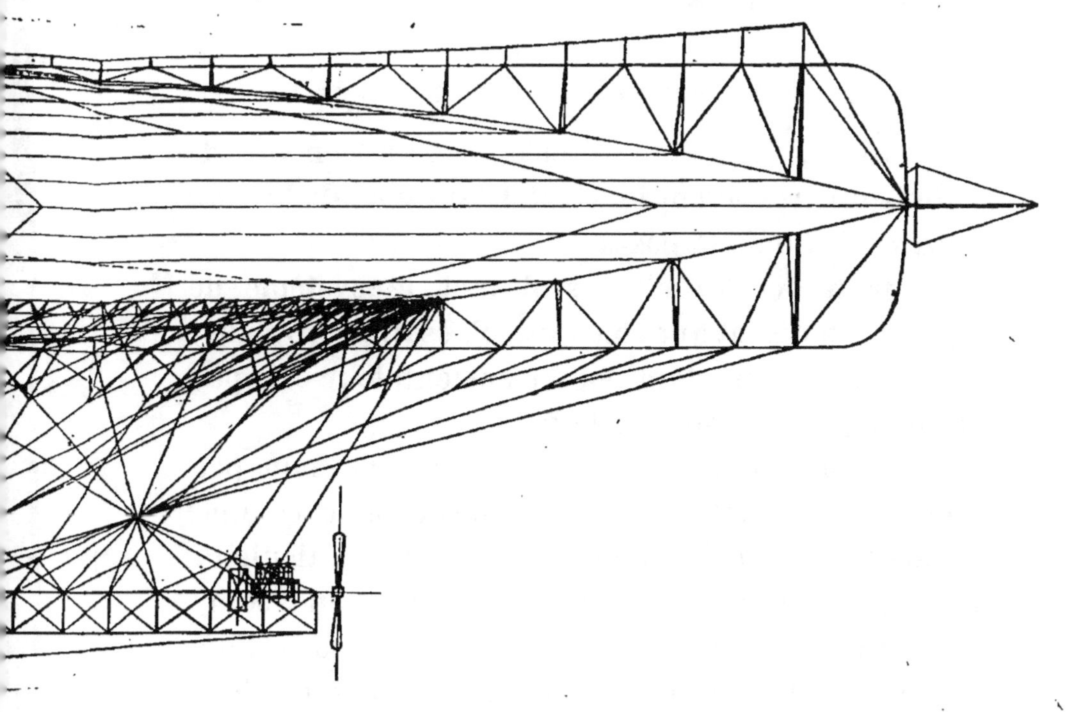

CHAPITRE IV

SOLUTION MIXTE : LES BALLONS PLANEURS

Le ballon de M. Capazza. — Le grand obstacle que
l'on éprouve à se servir de l'aéroplane en pratique
courante est, comme nous venons de le voir, le risque
de chute grave, provenant d'un arrêt dans le
fonctionnement du moteur, et il est certain que ce
risque sera, tant qu'il persistera, le gros obstacle à
la diffusion de la locomotion nouvelle.

N'y aurait-il donc pas moyen de supprimer ce risque, tout en conservant en tout, ou du moins, en
grande partie, les avantages du système ? La solution

est possible, elle a été indiquée et elle est en voie de réalisation très avancée. C'est le système du *ballon planeur* de Louis Capazza.

On peut décrire d'un seul mot le système de Capazza, en disant que son appareil est un aéroplane, mais un aéroplane dont le plan sustentateur est, par lui-même, *plus léger que l'air*.

En un mot Capazza prend un ballon, non pas sphérique ou pisciforme, mais de forme plate, comme une lentille. Ce ballon lenticulaire, il en a calculé la forme et les dimensions avec le plus grand soin, de façon que, lorsqu'il s'avancera en l'air, sa section principale soit également celle d'un poisson ; c'est dire que la plus grande épaisseur de la lentille n'est pas à son centre, mais à l'avant de son centre. Cette lentille a une capacité totale de 15.000 mètres cubes et se trouve renforcée intérieurement par des cerceaux métalliques ; elle supporte une nacelle sur laquelle agissent trois moteurs actionnant trois hélices. Chaque moteur a une force de 120 chevaux-vapeur. Le poids de la nacelle est appliqué au-dessous de la plus grande épaisseur, c'est-à-dire bien à l'avant du centre de la lentille.

Fonctionnement du ballon planeur. — L'appareil fonctionne donc comme un dirigeable, mais, à cause de la forme plate et non symétrique de l'enveloppe, supposons qu'on vienne produire sur l'ensemble un mouvement d'ascension ou de descente : l'appareil s'inclinera, car les deux moitiés seront inégalement pressées par l'air. Voici ce qui se passe en réalité : La surface postérieure offre une résistance plus grande à l'ascension ou à la descente. Si donc nous avons un

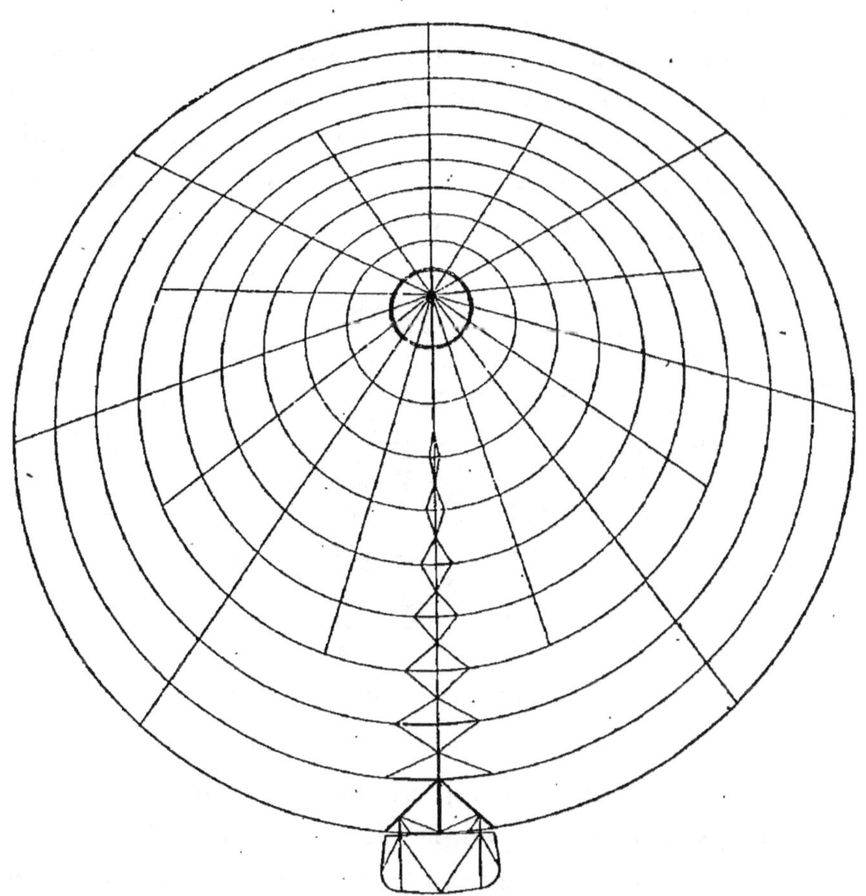

Plan horizontal du ballon planeur.

mouvement ascensionnel, par exemple, le côté postérieur s'abaissera, l'avant se relèvera et, par suite, le mouvement ascensionnel vertical sera transformé en un mouvement oblique d'avancement dans le sens de l'avant. Les hélices ajoutent leur action propulsive à celle que l'on obtient ainsi et leur puissance a pour effet, comme disent les artilleurs, de *tendre la trajectoire*.

La direction du ballon se rapprochera donc d'autant plus de l'horizontale que sa vitesse propre sera plus considérable. Si à un moment donné, son poids total devient supérieur au poids de l'air déplacé, soit qu'en s'élevant le planeur ait dépassé sa ligne d'équi-

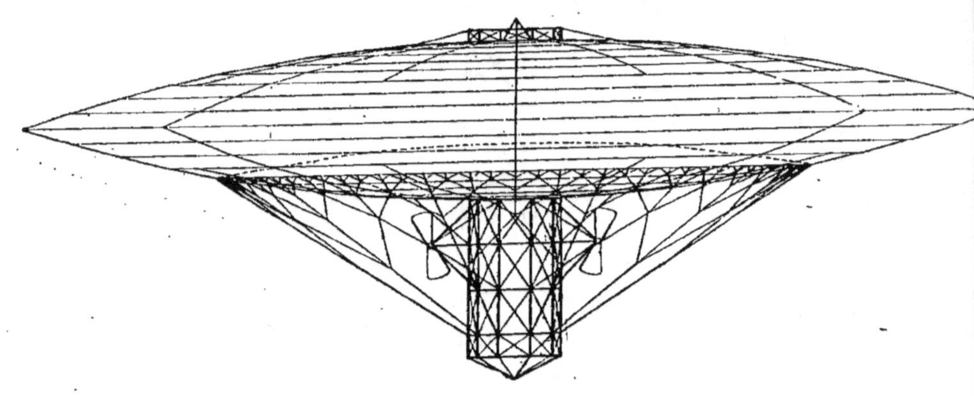

Vue de face du ballon planeur.

libre, soit que par un moyen physique quelconque on provoque une contraction du gaz intérieur, le ballon tendra à descendre. Mais alors le phénomène inverse se produira. La partie postérieure du ballon faisant office de queue, parce qu'elle est plus légère que sa partie antérieure, offrira à l'air plus de résistance. Elle restera donc plus élevée que la partie antérieure, qui pointera vers le bas, mais dans le sens de la marche. L'appareil pourra glisser sur les couches d'air à la façon d'un aéroplane, en utilisant son mouvement de descente pour avancer horizontalement. Cet effet s'ajoutera à la vitesse communiquée par les hélices, et, par conséquent, la vitesse de propulsion se trouvera ainsi augmentée, grâce à des ascensions et descentes successives que l'on peut provoquer également à l'aide du parachute-lest.

Le ballon planeur de Capazza est certainement l'un des appareils les plus rationnels que l'on ait conçus en matière de navigation aérienne ; il est actuellement en construction dans les ateliers de M. Clément, qui est pour l'aérostation française, en même temps qu'un généreux Mécène, un collaborateur actif, éclairé et disposant de puissants moyens d'action. Il faut espérer qu'avant peu le *Bayard* (c'est le nom qu'il a reçu) s'élèvera au-dessus de Paris et montrera qu'il possède, à un degré très élevé, les qualités que ses auteurs ont conçues pour lui.

TROISIÈME PARTIE

HISTOIRE DE L'AÉROSTATION

TROISIÈME PARTIE

HISTOIRE DE L'AÉROSTATION

———

Les frères Montgolfier. — L'aérostation est une science tout à fait récente et l'on peut dire que, si la conquête de l'air a, depuis des temps immémoriaux, excité l'imagination des hommes, ce n'est que dans les temps modernes qu'elle a été réalisée.

Nous ne remonterons pas au déluge pour écrire l'histoire des tentatives d'aérostation faites par les hommes. Par conséquent, nous laisserons soigneusement de côté les légendes qui remontent à Icare ainsi que les projets variés que des historiens ont exhumés après la découverte des aérostats. Nous nous bornerons à rappeler l'histoire de l'aérostation pratique, à partir du moment où l'on a réussi à s'élever effectivement dans les airs.

C'est aux frères Montgolfier qu'est due la découverte de l'aérostation. Joseph et Étienne Montgolfier étaient les fils d'un fabricant de papier d'Annonay. Ils y dirigeaient une industrie prospère et avaient tous les deux une prédilection marquée pour l'étude des sciences, à laquelle les avait préparés leur éducation. C'est en observant les nuages, qu'ils voyaient tous les jours se former sur les flancs des montagnes du Vivarais, c'est en étudiant les causes de la suspension de ces masses nébuleuses que les frères Montgolfier conçurent l'idée d'imiter la nature. Ils commencèrent à enfermer la vapeur d'eau dans une vessie. Ils avaient ainsi une sorte de nuage artificiel qui s'élevait dans l'air, mais que le froid condensait immédiatement à l'état liquide et qui retombait sur le sol.

C'est à cette époque que fut découvert l'hydrogène. Les frères Montgolfier furent frappés des avantages que pouvait présenter un gaz léger emprisonné dans une enveloppe vaste et peu lourde. Il devait dans ces conditions se comporter comme un bouchon dans l'eau et, par conséquent, s'élever dans l'atmosphère.

Ils essayèrent d'abord de renfermer dans diverses enveloppes le gaz hydrogène récemment découvert, qu'on appelait alors *gaz inflammable* et qui était quatorze fois plus léger que l'air. Mais toutes les enveloppes qu'ils essayèrent laissaient filtrer le gaz à travers leurs pores. Aussi les premiers essais échouèrent-ils complètement.

C'est alors qu'ils pensèrent à utiliser la légèreté spécifique de l'air chaud emprisonné dans une enveloppe de papier ou de toile. En novembre 1782 ils construisirent une enveloppe d'une capacité d'environ 60 pieds cubes, soit environ 2 mètres cubes. Ils chauffèrent l'air contenu dans cet instrument en brûlant au-dessous de son orifice inférieur un

Ascension de Charles et Robert dans le jardin royal, aux
Tuileries, le 1er décembre 1783.

mélange de laine et de paille mouillée et ils eurent
la satisfaction de voir cet appareil s'élever au plafond
de leur chambre.

Ils répétèrent l'expérience en plein air avec ce
même instrument qui s'éleva à une grande hauteur.
Dès lors ils décidèrent de construire un appareil de
grandes dimensions et résolurent d'exécuter sur une
des places publiques de la ville d'Annonay une
expérience solennelle.

Ils construisirent un globe de 12 mètres de diamètre, fait de toile d'emballage et de papier. Ce globe,
à sa partie inférieure, était ouvert au-dessus d'un
réchaud en fil de fer, sur lequel on brûlait 10 livres
de paille mouillée et de laine hachée. Le ballon
s'éleva aussitôt dans les airs et redescendit lentement
vers la terre. Ainsi pour la première fois un objet
fabriqué par les hommes s'était élevé dans l'atmosphère et y avait parcouru un certain trajet.

Le physicien Charles. — Cette expérience mémo-
rable avait eu lieu en présence des États généraux
du Vivarais, le 4 juin 1783. Aussitôt qu'elle fut
connue à Paris, l'Académie des sciences s'en émut.
Une commission fut nommée, dont faisaient partie
Lavoisier et Condorcet, et Etienne Montgolfier fut
mandé à Paris pour répéter solennellement l'expérience aux frais de l'Académie. Mais celle-ci avait
compté sans l'impatience de la foule. Le public ne
voulut pas attendre la lenteur de la communication académique. Une souscription fut faite

afin de pouvoir répéter l'expérience avant l'arrivée de Montgolfier, et les frères Robert, constructeurs d'instruments scientifiques, furent chargés de construire le ballon, tandis qu'un jeune physicien, le professeur Charles, reçut la mission de diriger l'expérience. Le physicien Charles ne connaissait rien des dispositions employées par les frères Montgolfier; il savait seulement que ceux-ci avaient gonflé leur globe de toile avec un gaz beaucoup plus léger que l'air. Charles pensa tout de suite à l'hydrogène récemment découvert et résolut de gonfler avec ce gaz un globe de soie de 40 mètres cubes. La préparation de l'hydrogène était alors dans son enfance. C'était la première fois qu'on en fabriquait une grande quantité. Le 27 août 1783 le ballon fut enfin gonflé. On le transporta au Champ-de-Mars, où il fut placé au milieu d'une enceinte. Trois cent mille spectateurs, qui constituaient à cette époque la moitié de la population parisienne, se pressaient sur la vaste place et aux environs, et le ballon, délivré de ses liens, s'élança avec une telle vitesse qu'en deux minutes il fut porté à plus de 2.000 mètres de hauteur. Après trois quarts d'heure de marche il vint s'abattre à Gonesse, à cinq lieues de Paris. Les paysans furent d'abord frappés de terreur à la vue de ce globe qui descendait du ciel, mais, voyant qu'il ne bougeait plus, ils se rassurèrent et pour se venger de leur effroi ils le mirent en morceaux.

Pendant ce temps Montgolfier était arrivé à Paris et avait reçu du roi l'ordre de répéter son expérience à

Versailles devant la cour. Après un premier essai malheureux, une énorme *montgolfière*, de forme sphérique, fut construite et fut transportée à Versailles le 19 au matin, dans la grande cour du château. Au-dessous de l'ouverture était un réchaud pour brûler les

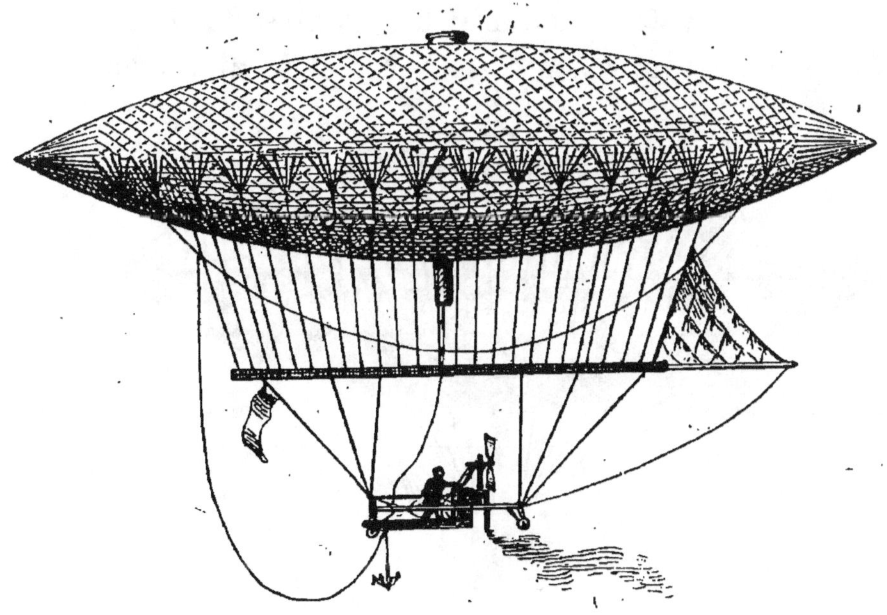

Aérostat à vapeur Giffard (25 septembre 1852).

combustibles nécessaires, et à une heure de l'après-midi l'appareil s'éleva en enlevant dans une cage fixée dans son enveloppe un mouton, un coq et un canard qui furent ainsi les premiers navigateurs de l'air et qui redescendirent sains et saufs.

Les premiers aéronautes : Pilatre de Rozier et le marquis d'Arlandes. — La réussite de cette expérience avait naturellement échauffé les imaginations et un audacieux gentilhomme décida de ravir à ces animaux la gloire de s'être élevés les premiers dans l'atmosphère. En vain lui représenta-t-on les dangers, de l'entreprise ; en vain le roi Louis XVI voulut-il opposer son veto : rien n'y fit. Pilâtre de Rozier triompha de toutes les résistances et le 21 novem-

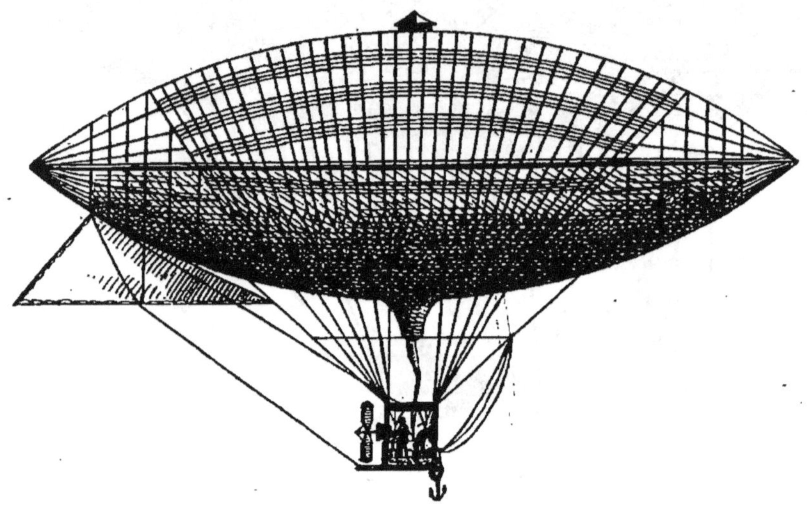

Ballon électrique de Gaston Tissandier (1883).

bre 1783, à une heure de l'après-midi, en présence du dauphin et de la cour réunie dans le jardin de la Muette, le courageux aéronaute, accompagné du marquis d'Arlandes, accomplit le premier voyage aérien. La machine s'éleva majestueusement aux acclamations d'un peuple immense et passa au-dessus de Paris, dont tous les toits étaient couverts de curieux. Les voyageurs allèrent tomber sur la Butte-aux-Cailles.

Cette fois la conquête de l'air par l'homme était

un fait accompli, puisque deux personnes avaient parcouru un trajet aérien.

Le premier ballon à hydrogène : ascension de Charles et Robert. — Toutefois, les lauriers de Pilâtre de Rozier avaient excité l'émulation du physicien Charles et celui-ci, après avoir lancé le premier ballon libre à hydrogène décida de lancer également le premier ballon gonflé du même gaz et emportant des voyageurs. Il eut le mérite de créer d'un seul coup toute la pratique de l'aérostation. Il imagina en effet, pour la construction du premier

La nacelle du ballon électrique de Gaston Tissandier (1883).

aérostat : la soupape, la nacelle, le filet, le vernis de l'enveloppe et enfin l'usage du baromètre pour suivre les phases de l'ascension.

Ce fut le 1er décembre 1783 que le premier aérostat gonflé d'hydrogène s'éleva dans l'atmosphère. Charles et Robert étaient dans la nacelle. Au moment de quitter la terre, Charles s'avança vers Étienne Montgolfier, qui était au premier rang, tenant par une ficelle un petit ballon de soie verte que l'on devait lancer d'abord, pour connaître la direction du vent. C'était ce que l'on a appelé depuis un « ballon d'essai ». Charles offrit la ficelle à Montgolfier en priant le grand homme de la lâcher lui-même. « C'est à vous, monsieur, dit-il, qu'il appartient de nous ouvrir la route du ciel. » Le signal du départ retentit. Alors le ballon s'éleva, les soldats présentèrent les armes et devant trois cent mille spectateurs le ballon s'éleva lentement. Il plana sur l'ouest et le nord de Paris et les voyageurs descendirent à neuf lieues de la capitale, dans la prairie de Nesles.

Les aéronautes eurent à leur retour une réception enthousiaste.

L'Académie des sciences les accueillit dans son sein, en même temps que l'on frappait une médaille sur laquelle les effigies de Montgolfier et de Charles se trouvaient réunies.

La traversée de la Manche : Blanchard et Jefferies. — Mort de Pilâtre de Rozier. — Nous passerons rapidement sur les innombrables ascensions qui eurent lieu à ce moment, tant en province qu'à l'étranger, pour arriver à la première tentative de direction, faite par Blanchard le 2 mars 1784. Blanchard avait muni son ballon de deux roues et d'un gouvernail, pensant pouvoir utiliser leur action sur l'air. Mais cette expérience comme celles qui l'ont suivie dans la même voie ne fut couronnée d'aucun succès. Il en fut de même de celle de Guyton de Morveau, de l'académie de Dijon.

Ce fut le même Blanchard qui eut la gloire de faire la première traversée maritime en ballon. Parti de Douvres en compagnie d'un Anglais, le docteur Jefferies, il traversa la Manche le 7 janvier 1785, à une heure de l'après-midi. A trois heures ils étaient au-dessus de Calais et descendirent dans la forêt de Guines.

Cette ascension fut célébrée dans cette ville par une fête publique.

Jaloux des lauriers de Blanchard, Pilâtre de Rozier, le premier navigateur aérien, voulut à son tour traverser le bras de mer qui sépare la France de l'Angleterre. Il partit de Boulogne en compagnie de son ami Romain; mais son appareil mal compris constituait un véritable danger, car il avait voulu combiner l'aérostat à hydrogène, qui en formait la partie supérieure, avec une montgolfière, qui en formait la partie inférieure.

C'était mettre du feu sous un réservoir de gaz inflammable, c'était donc commettre la plus grande des imprudences. Elle leur coûta la vie. Quelque temps après son départ, l'aérostat s'affaissa sur lui même, tomba à Wimereux, et les deux infortunés furent tués sur le coup.

Les premiers ballons militaires. Coutelle. La bataille de Fleurus. — Le Parachute. — La révolution fit le premier emploi des ballons à l'art de la guerre. Un physicien nommé Coutelle fut chargé de gonfler d'hydrogène un aérostat, en utilisant la nouvelle méthode, découverte par Lavoisier et consistant à décomposer l'eau par le fer chauffé au rouge. Le ballon fut construit et verni par Conté. Il pouvait enlever deux personnes. Il est à remarquer que Conté est le véritable inventeur du vernis à ballons. Son vernis était tellement parfait que le ballon resta gonflé pendant un temps très long. La formule en a été perdue. C'est à la bataille de Fleurus que le premier ballon captif militaire fit ses premières armes : il contribua d'une façon importante à la victoire qui couronna la journée.

En 1799, Garner ininventa le parachute et il fit une quantité innombrable d'ascensions aérostatiques, au cours desquelles il donna aux Parisiens le spectacle effrayant d'un homme qui se précipitait du haut des airs dans une petite nacelle suspendue à un vaste parasol de soie ; depuis lors cet appareil est entré dans la pratique de l'aérostation et de nombreuses descentes ont été faites avec cet instrument.

Les ballons célèbres : le « Géant », le « Zénith », les ballons du siège, le ballon captif de 1878. — Il y a eu des ballons célèbres. Parmi ceux-là il est juste de citer quelques noms qui appartiennent à l'histoire de l'aérostation. D'abord en 1863 il y a eu le ballon le *Géant*, construit par Nadar et par Louis Godard. Le *Géant* cubait 6.000 mètres. Ce qu'il y a de piquant c'est que le *Géant* fut construit afin de donner des ascensions en public avec entrées payantes, et le but poursuivi par Nadar était de faire servir les bénéfices de l'entreprise à la construction du premier *plus lourd que l'air*, dont, en compagnie de Ponton d'Amécourt et de la Landelle, il s'était fait le plus

Le premier *dirigeable* réalisé : la *France*, au capitaine Renard.

fervent apôtre et dont il prôna les avantages dans une brochure célèbre qui avait pour titre : *le Droit au vol*. Pour lutter contre l'air, disait-il, il faut être plus lourd que l'air, et, quand on lui demandait quelle arme il comptait employer pour cette lutte, il répondait

Le ballon Renard, au-dessus de son garage à Meudon (1884), après avoir accompli le premier voyage aérien en circuit fermé.

invariablement : « L'hélice, la sainte hélice ! » On sait que le *Géant* eut une fin malheureuse dans les plaines du Hanovre, où l'ouragan le mit en morceaux en même temps qu'il anéantissait les espérances qui étaient fondées sur lui. Ce désastre a peut-être retardé les premiers essais relatifs à l'aviation.

Est-il nécessaire de rappeler le rôle admirable joué par les ballons pendant le siège de Paris ? Grâce au dévouement et au courage des aérostiers, Paris investi restait en communication avec le reste de la France. Il faut rappeler aussi le nom du ballon le *Zénith,* où deux martyrs de la science, Sivel et Crocé Spinelli, trouvèrent une noble fin, et enfin le plus gigantesque aérostat qui ait jamais été construit, le ballon captif de l'Exposition de 1878, réalisé par Henry Giffard et dont le cube était de 25.000 mètres.

Les premiers dirigeables. Giffard, Dupuy de Lôme, Tissandier. — Un point d'histoire bien intéressant à rappeler c'est l'histoire des ballons dirigeables. C'est à Henry Giffard que revient la gloire d'avoir réalisé le premier, en 1852, un ballon susceptible de direction. Il imagina et construisit un aérostat fusiforme, portant une *poutre armée* suspendue à son filet, muni d'un gouvernail et dans la nacelle duquel était une petite machine à vapeur qui actionnait une hélice à trois branches. Le 25 septembre 1852 Giffard partit de l'Hippodrome et fit différentes manœuvres de hauteur, de déviation latérale et de mouvement circulaire. Vers le soir il descendit à Trappes et rentra aussitôt à Paris avec son aérostat déjà dégonflé et intact. Il répéta son expérience en 1855 avec assez de succès pour que fût démontrée d'une façon nette la possibilité de la navigation aérienne.

Nous comprenons, maintenant, pourquoi les résultats ne furent pas plus parfaits : le moteur employé par Giffard était trop lourd et pas assez puissant pour l'effort qu'on lui demandait. Giffard avait réalisé avec son ballon une vitesse propre de 3 mètres par seconde. En 1872, l'illustre ingénieur Dupuy de Lôme, l'inventeur des navires cuirassés, essaya un aérostat dirigeable, actionné par une hélice mue à bras d'hommes. Il réalisa de la sorte une vitesse propre de $2^m,80$ par seconde.

Mais les expériences concluantes ont commencé avec l'aérostat électrique des frères Tissandier en 1883 et 1884. Leur ballon avait une forme semblable à celle du ballon de Giffard et de Dupuy de Lôme. Il cubait 1.060 mètres. Le moteur était un moteur électrique d'une force d'un cheval et demi, pesant 45 kilogrammes, et le générateur d'électricité était une batterie de piles au bichromate de potasse. Le 8 octobre 1883 l'aérostat fit sa première sortie. Le vent était assez fort et le moteur permit de lui tenir tête. Dans une seconde expérience, le 26 octobre, l'aérostat put lutter contre la brise et naviguer vent debout.

La possibilité de la direction était bien démontrée. Seuls restaient à faire les progrès définitifs qui consistaient à augmenter la vitesse propre du ballon, qui n'avait pas dépassé 4 mètres par seconde dans cette expérience. Mais en 1884 apparaissent enfin les premiers essais de ballon construit par celui qui devait transformer l'aérostation moderne, je veux parler du colonel Renard, alors simple capitaine.

Le colonel Renard et le ballon la « France ». — C'est le 6 octobre 1884 que, pour la première fois, un ballon vraiment dirigeable s'est élevé dans les airs, a suivi une route qui avait été minutieusement fixée d'avance et est revenu par ses propres moyens atterrir à son point de départ. Ce ballon s'appelait la *France* et sa construction avait été commencée en 1883. Il avait $50^m,42$ de longueur, $8^m,40$ de diamètre maximum et un cube de 1.864 mètres. Une hélice de 7 mètres de diamètre était placée à l'avant de la nacelle très longue et actionnée par un moteur de la force de 8 chevaux et demi. L'électricité était fournie par une pile tout à fait nouvelle, à la fois légère et puissante et imaginée par le colonel Renard qui avait comme collaborateur le capitaine Krebs et son frère le commandant Renard. Le ballon parcourut un circuit fermé et revint de lui-même à son garage. Il fit alors successivement six voyages dont deux le conduisirent jusqu'au-dessus de la capitale où il vint évoluer à la grande admiration des Parisiens.

Cet aérostat avait réalisé une vitesse propre de $6^m,50$ qui n'avait jamais été atteinte jusque-là.

L'expérience de Renard fut un triomphe. Il avait démontré d'une façon absolue la possibilité de la navigation aérienne : il avait fait voir d'une façon nette les conditions qu'on devait s'efforcer à réaliser pour naviguer utilement dans l'air : forme du ballon, disposition de la nacelle et de l'hélice, légèreté du moteur. Il a réussi le premier à faire un voyage *en circuit fermé*, et c'est à lui que doit justement revenir le titre de créateur de la navigation aérienne.

Les dirigeables actuels : la « Patrie », la « Ville-de-Paris ». — Depuis, de nombreuses tentatives de direction ont eu lieu, surtout dans ces dernières années. MM. Santos-Dumont, le comte de la Vaulx, Lebaudy, Deutsch de la Meurthe et d'autres encore se sont attachés au problème. Faut-il rappeler les noms du Brésilien Severo et de l'infortuné Bradski qui périrent victimes de leur audace, victimes peut-être aussi de dispositions insuffisamment étudiées ? Toujours est-il que dans les dernières années des progrès considérables ont été faits

(Cl. P. Lafitte et Cⁱᵒ.)

M. Julliot.

dans les ballons dirigeables. Sous la direction de l'ingénieur Julliot, M. Lebaudy fit construire par M. Surcouf un premier ballon qui reçut des Parisiens le nom populaire de *Jaune*, à cause de la couleur de l'enduit qui recouvrait son enveloppe. Ce ballon fit de merveilleuses prouesses et fut bientôt suivi par un autre ballon du même type, qui fut généreusement offert par son propriétaire au ministère de la guerre et qui reçut le nom de *Patrie*. Sa longueur était de 58 mètres, son diamètre maximum de 9^m,80, le cube total était ainsi de 2.660 mètres. Tout le monde a dans l'esprit la fin malheureuse du ballon *Patrie*, qui avait pourtant détenu le record aérostatique, parce qu'il s'était rendu de Paris à Verdun par ses propres moyens. Quand la catastrophe fut connue, M. Deutsch de la Meurthe offrit au ministère de la guerre français son ballon *Ville-de-Paris*, construit sur un type tout à fait différent, mais qui a donné d'admirables résultats. Il a 62 mètres de long, son diamètre maximum est de 10^m,50 et son volume extérieur est de 3.200 mètres cubes. Le moteur actionne une hélice unique placée à l'avant de la poutre armée. Il a une force de 70 chevaux et fait 140 tours à la minute. Il actionne également le ventilateur qui comprime l'air dans le ballonnet.

Les ballons dirigeables actuels, soit du type *Patrie*, soit du type *Ville-de-Paris*, ne peuvent dépasser un rayon d'action bien étendu. On les appelle des dirigeables de forteresse, et leur but principal est de défendre une place forte investie.

L'administration militaire ayant pensé que les dirigeables pourraient rendre encore des services plus utiles, a remis à l'examen d'une commission nommée par le ministre le projet d'un dirigeable d'armée dont voici les principales caractéristiques : Longueur, 100 mètres; diamètre au maître couple, 11^m,50; volume de 7 à 8.000 mètres cubes; le moteur développera une puissance de 240 chevaux. La vitesse prévue de cet auto-ballon serait de 60 kilomètres à l'heure.

Rappelons aussi les brillantes ascensions de M. Santos-Dumont, dont l'une eut lieu au-dessus du Champ-de-Mars pendant une revue des troupes de l'armée de Paris.

Les Dirigeables étrangers : le « Zeppelin », le « Nulli-Secundus ». — Pendant que les aérostiers et les ingénieurs français poussaient à un rare degré de perfection la construction et la manœuvre des dirigeables, nos voisins d'Outre-Rhin ne restaient pas inactifs. Le major von Groos, le colonel de Parceval et, surtout, le comte Zeppelin travaillent avec persévérance dans le but de réaliser, eux aussi, un aérostat permettant à l'Allemagne de lutter avec les aérostats français. Le ballon du comte Zeppelin, celui qui a donné les meilleurs résultats, est un appereil gigantesque qui a la forme d'un long cylindre, ou plutôt d'un long prisme collé sur une charpente, car ce ballon, qui de pointe à pointe mesure 128 mètres de long sur $11^m,65$ de diamètre, est entièrement monté sur une carcasse métallique extrêmement compliquée. L'enveloppe extérieure est en étoffe double de coton et de caoutchouc et pèse 170 grammes par mètre carré. La longueur de cet immense cylindre était divisée en alvéoles qui constituaient autant de parties du ballon. Cela constituait un obstacle considérable pour le gonflement. Ce globe nécessite 2.600 tubes d'hydrogène comprimé, fournissant chacun 5 mètres cubes de gaz. Le tangage, qui se produisait très facilement, était combattu par un procédé très primitif et qui pouvait devenir dangereux : le déplacement d'un poids.

Le comte Zeppelin a disposé, indépendamment de sa fortune personnelle, de ressources considérables. Il a fait établir sur le lac de Constance un hangar flottant qui lui permettait d'abriter son ballon. Après de nombreux essais infructueux, l'aérostat de l'officier Allemand est tout de même parvenu à parcourir, dans une seule sortie, 300 kilomètres et à rester dans l'air pendant huit heures consécutives.

Le professeur Hergesell a annoncé récemment, dans une conférence, que le comte Zeppelin se propose de construire un nouveau dirigeable pouvant transporter 100 personnes. Ce nouveau ballon aura une longueur de 150 mètres et 14 mètres de diamètre. Il pourrait élever dans les airs une charge de 8.000 kilogrammes.

L'Angleterre a réalisé un ballon militaire qui portait le nom de *Nulli-Secundus*, dont la carrière brillamment commencée s'est terminée brusquement par un ouragan qui a détruit l'aérostat.

L'histoire des dirigeables a ses dernières pages en France : le *Lebaudy*, la *Patrie*, la *Ville-de-Paris* ont battu tous les records ; et quant à l'aviation, c'est chez nous aussi que les premières prouesses aériennes furent faites par Santos-Dumont, pour se terminer par le triomphant exploit de Henry Farman. C'est donc avec orgueil que nous pouvons arrêter nos yeux sur

(Cl. branger.)

Le *Nulli-Secundus*.

« cette conquête de l'air », commencée par Lavoisier.
et qui s'arrête aujourd'hui aux noms glorieux pour
nous,de Giffard, de Renard, de Julliot et de Farman.

Les sociétés aérostatiques. — Cet exposé historique

(Cl. Samson et C°, Bruxelles.)

M. Fernand Jacobs,
Président de l'Aéro-Club de Belgique.

ne serait pas complet s'il ne comprenait pas quelques
lignes consacrées aux sociétés qui se sont fondées
pour favoriser l'aéronautique et en provoquer les
progrès.

La plus ancienne de ces sociétés est la *Société*

française de navigation aérienne, fondée en 1872 par le Dr Hureau de Villeneuve et reconnue d'utilité publique. Elle a compté parmi ses présidents les savants les plus illustres : Laussédat, Renard, Jamin, Marey, Cornu, Janssen, Lecornu, l'ingénieur Armengaud, le prince Roland Bonaparte, Berthelot, etc. ; et les aéronautes les plus éprouvés : Crocé Spinelli, Gaston Tissandier, Ponton d'Amécourt, Jacques Balsan, etc. Elle a un organe, l'*Aéronaute,* paraissant chaque mois.

Au point de vue sportif, le plus puissant groupement aéronautique est l'*Aéro-Club de France,* fondé en 1898. L'Aéro-Club, présidé par un éminent physicien, M. Cailletet, membre de l'Institut, comprend plusieurs comités techniques, scientifiques et sportifs qui travaillent activement et efficacement. Obéissant aux efforts de cette jeune et active société, le goût de l'aérostation s'est développé, grâce à l'attrait d'un sport nouveau ; c'est à son initiative que sont dues beaucoup de belles épreuves aérostatiques, c'est à ses démarches que l'on doit la fondation de prix magnifiques. L'Aéro-Club possède, à Saint-Cloud, un parc aérostatique mettant quatre ballons complets à la disposition de ses membres ; de plus, ceux-ci possèdent, individuellement, plus de cent ballons. Il dispose aussi d'un organe périodique : l'*Aérophile.*

Citons encore l'*Aéronautique Club de France* et l'*Académie aéronautique de France,* fondés tous deux pour encourager la navigation aérienne, et, le dernier venu : l'*Aviation-Club,* né en 1907.

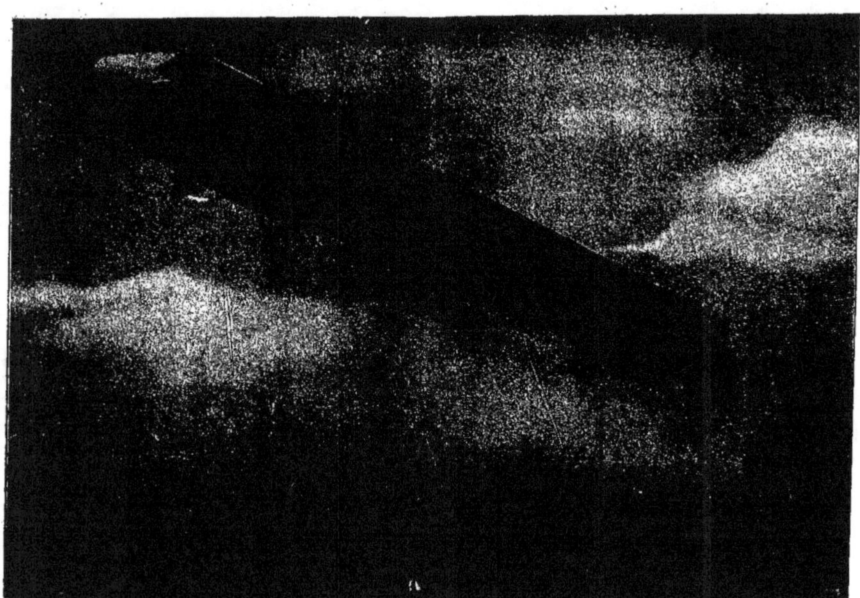

Le *Zeppelin*.

(Cl. A. Scherl, Berlin.)

A Bruxelles existe une association sportive et, en même temps, hautement scientifique et très prospère, c'est l'*Aéro-Club de Belgique*, placé sous de royaux patronages, et dont le président est M. Fernand Jacobs, président de la Société belge d'astronomie, un savant doublé d'un sportsman. L'Aéro-Club de Bruxelles compte des savants de premier ordre comme l'ingénieur Flamache, le capitaine Mathieu, le professeur Lagrange, etc. Les épreuves qu'il institue sont des modèles d'organisation intelligente, rationnelle et pratique, et, comme nos sociétés françaises, il aura droit à une large part dans les progrès généraux de l'aérostation.

Je rappellerai qu'en Allemagne, en Angleterre, en Autriche, en Italie, en Suède, etc., existent des sociétés aérostatiques. Toutes ces sociétés sont unies, ainsi que les nôtres, à la *Fédération aéronautique internationale*, dont le président est le prince Roland Bonaparte.

*
* *

Je termine ici ce rapide exposé des principes et de l'histoire de la navigation aérienne. J'espère avoir donné à mes lecteurs le désir d'aller plus loin : cela leur sera facile. Ils pourront, maintenant, lire avec fruit les remarquables ouvrages de J. Lecornu, de Banet-Rivet, du colonel Espitallier ; ensuite ils seront prêts à s'élancer dans les airs et à perfectionner eux-mêmes les engins qu'ils auront utilisés pour leurs premiers voyages. Je leur souhaite d'heureuses ascensions, de brillantes descentes, des vols audacieux, du courage et de la réflexion. En contribuant ainsi à faire progresser une science éminemment française, ils auront bien travaillé pour la gloire de notre pays.

LISTE DES GRAVURES

TABLE DES MATIÈRES

PREMIÈRE PARTIE

DES BALLONS EN GÉNÉRAL

DEUXIÈME PARTIE

LES APPAREILS D'AVIATION

TROISIÈME PARTIE

HISTOIRE DE L'AÉROSTATION

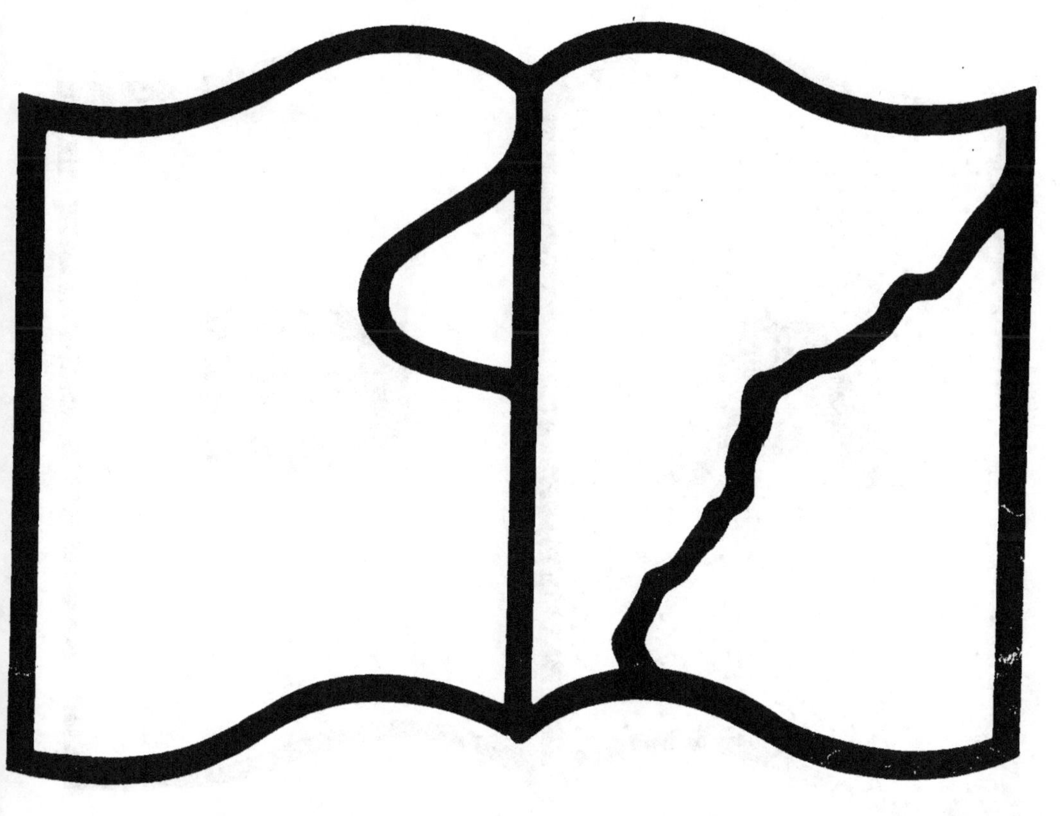

Texte détérioré — reliure défectueuse

NF Z 43-120-11

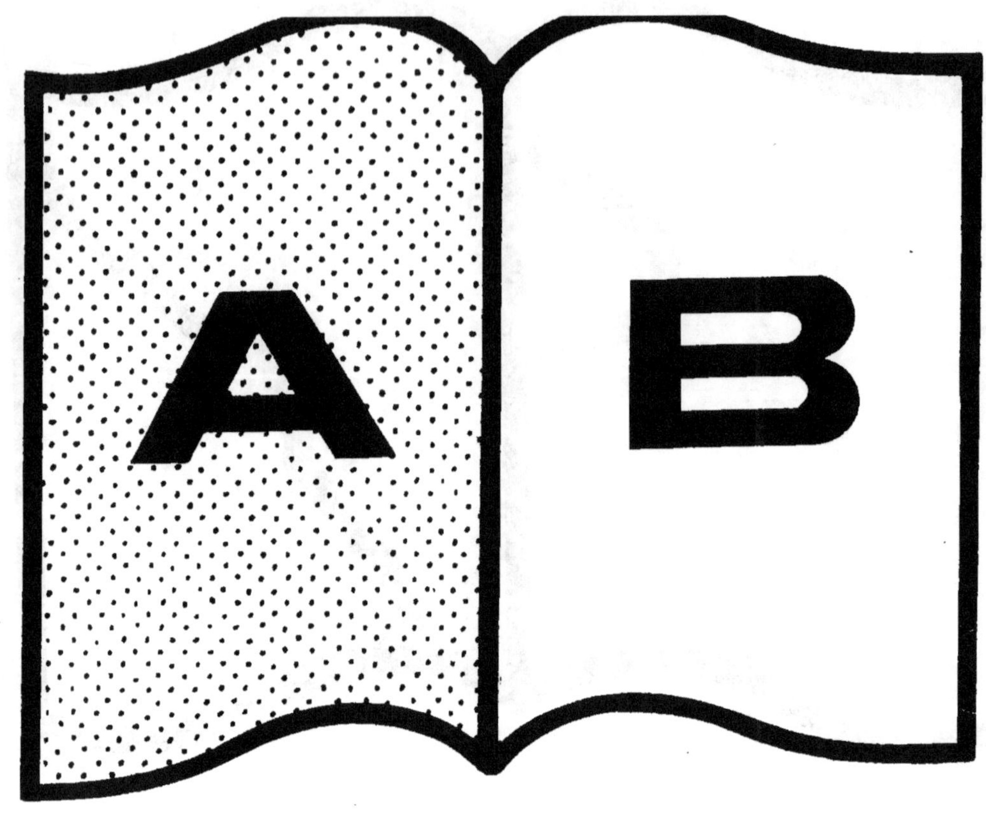

Contraste insuffisant

NF Z 43-120-14